U0232731

寻蚁记

冉浩 著

长江出版传媒
湖北科学技术出版社

图书在版编目（ＣＩＰ）数据

寻蚁记 / 冉浩著 . -- 武汉：湖北科学技术
出版社 , 2019.4
　（新昆虫记）
　ISBN 978-7-5706-0308-4

Ⅰ . ①寻… Ⅱ . ①冉… Ⅲ . ①蚁科 – 普及读物 Ⅳ .
① Q969.554.2-49

中国版本图书馆 CIP 数据核字 (2018) 第 296496 号

寻蚁记　XUNYIJI

责 任 编 辑　罗萍
装 帧 设 计　朱赢椿 胡博
督　　　　印　刘春尧
责 任 校 对　陈横宇

出 版 发 行　湖北科学技术出版社
地　　　址　武汉市雄楚大街268号
　　　　　　（湖北出版文化城 B 座13-14层）
邮　　　编　430070
电　　　话　027-87679441
网　　　址　http://www.hbsp.com.cn
印　　　刷　武汉市金港彩印有限公司
邮　　　编　430023
开　　　本　710×1000　1/16　11.25印张
版　　　次　2019年4月第1版
　　　　　　2019年4月第1次印刷
字　　　数　190千字
定　　　价　49.80元

（本书如有印装问题，可找本社市场部更换）

昆虫是我儿时的亲密伙伴，它们曾给我的童年带来过无穷的乐趣和无边的想象。我相信，很多孩童的日子，都是在这自然界精灵的陪伴下度过的。当这些孩子长大成人之后，昆虫这个世界会化为一个虚幻的梦，一段埋藏在他们心灵深处的记忆。

法国作家法布尔的《昆虫记》出版后风靡全球，点燃了无数人心中童年的梦。《昆虫记》熔作者毕生的研究成果和人生感悟于一炉，将昆虫世界化作供人类获取知识、趣味、美感和思想的美文，被誉为"昆虫世界的《荷马史诗》"。

昆虫界是大自然的一个重要有机组成部分，那是一个奇妙而神秘的世界。许多昆虫的个体虽小，但它们的群体展现出巨大的能量，无时无刻不在对自然界以及人类社会产生重大的影响。昆虫的种类众多，占整个动物界的2/3，庞大的数量使得其行为的多样性和创造性几乎无穷无尽。人类社会随时随地都要和昆虫打交道，我们每个人一生中可能要和20万只昆虫产生关系。听到这里，你可能要吓一跳，但事实确实如此。人类、昆虫、自然这三者的关系是极为复杂的，要学会和谐相处，首先要了解我们身边的昆虫。

湖北科学技术出版社出版的"新昆虫记"丛书既是对法布尔《昆虫记》的致敬，又是一次大胆的开拓和创新，大自然中常见的蝴蝶、蜻蜓、萤火虫、蟋蟀、蚂蚁、蚂蚱等昆虫构成了每本书的主体。丛书在几个方面都有突破和创新：首先，它立足于特定的昆虫类群，结合了现代化的观察手段和最新的研究成果；其次，它的写作形式新颖、多样，有散文、游记、科幻故事、童话，以人性观照虫性，以虫性反映社会人生；最后，它的文字清新自然、语调轻松幽默，内容与青少年的心理契合程度高，极具原创性、新颖性、趣味性，人文特色明显，不仅仅传播科学知识，更加注重科学思想、科学方法和科学精神的培养。

丛书汇集了国内昆虫界的一批年轻学者和昆虫达人，他们有思想、有朝气、有情怀，也是科普创作中的生力军和后起之秀。这套作品通过细致入微的观察和妙趣横生的故事，将昆虫鲜为人知的生活和习性生动地描写出来，字里行间无不渗透着作者对昆虫的热爱之情，很多昆虫的种类和照片都是第一次向公众展示。作品将昆虫的多彩生活与作者自己的人生感悟融为一体，既表达了作者对生命和自然的热爱和尊重，又传播了科学知识。

　　更让读者惊喜的是，此次出版社围绕纸质出版内容，搜集了精美的图片和相关的视频，并且为每种昆虫准备了真实生动的 AR（增强现实技术）场景，让读者通过扫描二维码或微信公众号就可以获得相关的资源，旨在把"新昆虫记"丛书做成一个融媒体的立体化项目。这是一个有远见的、大手笔的尝试。

　　希望通过"新昆虫记"这套丛书，吸引更多的人来认识昆虫、了解昆虫，并借此帮助人们认识神奇的大自然；让科学的光芒照亮青少年，让文学的雨露滋润青少年，让人与自然的和谐以及环保的意识融入青少年的血液；让我们这些年轻学者和达人一起，与自然界众多的平凡子民——昆虫，共同谱写的生命乐章，激发青少年到大自然中去探索知识，认识自然，从而尊重、热爱大自然，保护环境，保护人类的地球家园。

张润志

全国昆虫学首席科学传播专家
中国昆虫学会科普工作委员会主任
中国科学院动物研究所研究员
2018年11月19日

　　我是一位蚂蚁爱好者，也算是一位研究者，并且自诩为一个热情的科学传播者。我对蚂蚁的喜爱源自童年，到今天，已经接近30年了（我其实现在也只有30多岁）。虽然在人生中，我经常会有偏离航线的时候，但是每次，我最终都主动或者被动地回归到蚂蚁的周围。这真是一件奇妙的事情！大概这也是蚂蚁的魅力所在了。

　　之前，我曾经写过一本关于蚂蚁的小册子，是由清华大学出版社出版的单行本《蚂蚁之美》，口碑还算不错，承蒙读者与专家厚爱，也拿了几个奖。几年时间过去了，我又和蚂蚁有了不少新的接触，有了一些新的想说想写的东西。适逢湖北科学技术出版社正在推出一套融媒体图书《新昆虫记》，我有机会可以再提笔写一写。

　　与《蚂蚁之美》作为一本蚂蚁综合读物不同，《寻蚁记》这本书更侧重于记述中国境内的蚂蚁。而且，我更倾向于描写那些读者容易遇到的蚂蚁类群。您可以一边阅读，一边按照本书中介绍的方法观察身边的蚂蚁，去认识它们、了解它们。我有足够的信心，在蚂蚁活动的季节，您能够在周围至少找到一两种书中所记述的蚂蚁。我也希望，它可以成为您留心蚂蚁世界的起点。为此，我在正文之前设置了一页小小的蚂蚁基本知识介绍，如果您对蚂蚁社会不太了解，可以从那里掌握一些基本知识。

　　本书突出一个"记"字，主要记录我个人探寻蚂蚁的经历，介绍最近一两年我做过哪些事情，以及正在做哪些事情。当然，我也多少写了一点记忆中印象很深刻的事情，会与《蚂蚁之美》中的一些故事稍有重复。此外，我还讲述了一些朋友的故事。总之，本书的内容多数为亲身经历。

　　在讲述蚂蚁故事的同时，这本书也关注了一些与生态环境相关的问题，比如土壤栖息地的破坏、生物入侵等，虽然所用笔墨极为有限。这本书还提到了当前科学研究的进展，如基因编辑等新兴的技术等。我想，这本书，完全可以作为《蚂蚁之美》的番外篇而存在，与之互相呼应。

　　由于这本书是在写真实的事情，所以免不了要有老师和好友在故事里出场，比如西南林业大学的徐正会教授、广西师范大学的周善义教授、哥本哈根大学的张国捷教授、华南农业大学的许意镌副教授、上海师范大学的殷子为副教授、广西师范大学的陈志林博士、湖南农业大学的许浩博士，还有北京的满沛、沧州的聂鑫、山东的左环阁、云南的李钰等等，感谢他们在我和蚂蚁亲密接触的时候陪伴在我的身旁。

　　这本书的配图，除了我自己拍摄的外，还有很多图片来自好友刘彦鸣，他是一位杰出的摄影师。此外，司洋、聂鑫、林杨、李钰、陈志林、何晨浩、赵亚晖、许浩等也为本书提供了部分图片。最后，还有一部分图片来自图虫创意图库，我在图注中做了来源标注，并且在此感谢那些不知名的摄影师为我们拍摄了这么棒的图片。这本书的出版也有赖于湖北科学技术出版社相关编辑的鼎力支持，包括刘辉编辑、高然编辑、彭永东编辑、罗萍编辑等。在此一并致谢。

　　最后，希望这本书能给您带来愉快的阅读感受。

舟浩

2019年3月

亲爱的读者，在我正式开始讲述蚂蚁的故事之前，不妨稍微介绍一点关于蚂蚁的基本知识。如果您已经比较了解蚂蚁，甚至是一名"骨灰级"的蚂蚁爱好者，您完全可以跳过这页内容，直奔主题。

蚂蚁的历史比人类古老。从恐龙时代开始，他们就已经出现在这个星球上了。它们撑过了6500万年前的大灭绝事件，在今天，形成了包括若干个大类群，超过15000个物种的兴盛家族——膜翅目蚁科昆虫。在我国，至少已经记录了1000种以上的蚂蚁，加上那些还没有被记录到的，估计我国应该分布着1500~2000种蚂蚁。

蚂蚁与白蚁、蜜蜂并称为三大社会性昆虫。人们常常将蚂蚁和白蚁混淆，但它们是不同的，白蚁属于蜚蠊类，也就是与蟑螂是近亲，而蚂蚁则与蜂类的亲缘关系更近。在蚂蚁王国里，存在着品级的分化，巢穴中至少同时存在着蚁后和工蚁两个品级。蚁后负责繁殖，工蚁则负责打理巢穴事务。在某些蚂蚁物种中，还会以工蚁为基础，分化出更多品级，每一个品级对应一类工作，有些甚至会产生专门负责战斗的兵蚁。在特定的阶段，巢穴里还会产生未交配的雌蚁和雄蚁。

视觉和听觉对蚂蚁并不十分重要，它们更倚重嗅觉。蚂蚁主要通过气味交流，它们身上的各种腺体会产生相应的化学物质，然后散逸到空气中。蚂蚁用触角感知这些气味，了解正在发生的事情，同时，对同伴的需求做出回应。它们同样依靠气味来识别同伴，验出敌人。就像我们感知色彩斑斓的光影世界一样，它们品味丰富多样的气味世界。

以气味为纽带，以品级分化为基础，蚂蚁们彼此关联、相互协作，让整个巢穴如同一个有序的系统一般运转。甚至，更像一个生物个体——这个生物的主体深藏于地下，外出的工蚁队伍是它伸出的触手，它挥舞着触手探察世界，随时准备着捞取好处，或者，收缩防守。

目 录

第 一 章

春天、婚飞和捡种子

相遇早春

3月，依然带着一丝早春的寒意，但我已经和小蚂蚁们相遇了。这是一些黑色的蚂蚁，大概五六毫米长，在蚂蚁中算是中等体型。它们被称为针毛收获蚁（*Messor aciculatus*），是北方常见的蚂蚁之一。熬过了漫漫寒冬，它们从蛰伏中又开始活跃了起来。

事实上，这并不是我和它们最早的相遇，它们出来活动得很早，有时候甚至早得出乎我的预料。在2004年2月中旬，春节刚过，我在散步时就曾撞到过一只针毛收获蚁。而2012年初，一位对收获蚁颇有研究的蚁友，聂鑫，甚至在细细的雪糁中观察到了一只活动的针毛收获蚁，并且通过网络发来了照片给我看。

总体来讲，在蚂蚁中，作为北方荒漠、草地的优势物种，针毛收获蚁的活动算是相当早的。它们开始活动的时候，很多蚂蚁还没有回到地面，更强的耐寒性给了它们率先出来活动的优势，针毛收获蚁可以在别的蚂蚁之前，收集冬季积累下来的动物尸体、种子等食物，以补充冬季的消耗。

而对它们而言，除此之外的另一件重要的事情，就是婚飞。婚飞对蚂蚁世界而言，是相当重要的事情。每年，巢穴都要积聚力量培养出一批生殖蚁，它们是巢穴的公主和王子，将肩负起种族扩张与繁衍的重任。生殖蚁不同于普通的工蚁，它们生有翅膀，将在适当的时候离开巢穴，飞上蓝天，在空中交配，然后去开创自己的王国。通常，一种蚂蚁会选择在一个固定的时间进行婚飞。在河北，针毛收获蚁选择在四五月份婚飞。不过，即使在同一个地域，不同的巢穴婚飞时间也不尽相同。比如，2017年，我所在的河北省保定市满城区，陵山汉墓景区后山的针毛收获蚁在4月上旬就已经婚飞；而我住小区的针毛收获蚁，在之后的十几天才开始婚飞；至于我单元楼下那窝常年处于楼房阴影下的那窝针毛收获蚁，5月才婚飞。

针毛收获蚁的婚飞并不高调，通常，巢口会围绕着一些工蚁，它们是探路者，也是保卫者。只有当外面的环境安全时，生殖蚁才

▲ 在我家楼下，爬上草丛准备起飞的针毛收获蚁雌蚁（冉浩 摄）

▲ 在工蚁的保护下，一种收获蚁的雌蚁爬出了洞穴（图虫创意）

▲ 针毛收获蚁的工蚁（冉浩 摄）

▲ 在山东烟台，一个干枯河道边的碎石滩，一窝针毛收获蚁正顽强生存着（冉浩 摄）

会爬出巢穴。这些生殖蚁是巢穴利用冬季节省下的营养而孕育的，格外珍贵。其中，雌蚁会比工蚁大上不少，腹部丰满、隆起，储存着相当多的营养，是巢穴的"公主"。而雄蚁则看起来相当娇小，甚至比工蚁都有不如——这些家伙的任务只有交配，一旦交配完成就会死亡，它们只不过是携带这一袋精子的载体而已，没有必要投入过多的营养。它们有的时候也被戏谑地称为"蚊子"。事实上，雄蚁相当好区分出来，除了看它们的生殖器，也可以看头，雄蚁的头部细小，但触角却很发达，而与细小头部形成对比的是，它们复眼的比例却很大。良好的嗅觉和视觉有助于它找到尚未交配的雌蚁。

生殖蚁会在巢口周围反复试探，相当谨慎。它们爬出巢穴四下转悠，当你以为它们就要起飞时，它们却又爬回了巢穴……如此往复，足以让你丧失耐心。只有当它们觉得安全，并且完全适应了外部环境的时候，才会展翅高飞，离开巢穴。这时候，它们会爬上一些看起来尽可能高的地方，比如一块石头、一根枝条，或者一片草叶，从这里起飞，飞向远方。

▲ 张家口采集的针毛收获蚁雄蚁（李钰 摄）

▲ 张家口采集的针毛收获蚁雌蚁（李钰 摄）

很多蚁后

2017年4月7日，是个阴天，前两天下了雨。上午，我去了陵山的后山。本来的目标是寻找合适的针毛收获蚁样本，并且最期望找到没有交配的雌蚁。然而，最终的结果，却是让我弄清楚了针毛收获蚁婚飞以后筑巢的方式。

我沿着上山的小路前进。在路边，我看到了第一窝正在筑巢的雌蚁，我最开始没有完全反应过来，抵近细看，原来至少有3只雌蚁正在坚硬的地面挖洞。它们开掘的巢穴差不多刚容下它们自己。它们头朝内，尾朝外进行挖掘，它们应该是用上颚咬下土粒，然后将咬下来的土粒运出来。我小心地掘开洞穴，里面比我想的还要多1只，一共4只雌蚁，我把它们小心地收到小试管里，准备带回家进一步观察研究。虽然我早就听聂鑫提过针毛收获蚁的蚁后会共同筑巢的事情，也曾经把针毛收获蚁的蚁后聚集在一起饲养观察，但是并没有亲见野生状态下它们的筑巢情况。上一次，我观察到它们大规模行动的时候，是它们刚完成婚飞后满地跑的状态。我马上意识到，这很可能不是个案，我有了一次不错的观察机会。

我开始留心起这些小洞洞来，果然不少！沿着土路走，几乎每走几步就能见到这样一小群卖力挖土的蚁后。而在踏上这条土路之前，是没有这样的场景的。我在回去的路上，也再次确认了这个结果，别处没有。这说明，这些针毛收获蚁蚁后确实只局限在并不很大的区域内，不过，密度很高。

而且由于这些巢穴的挖掘程度几乎相同，都是刚刚开拓出一个小小的巢室，基本是同步建设的。可以推测，它们很可能是同时完成了婚飞，然后聚集在一起联合挖巢。很可能就在头一天，这里进行了较大规模的婚飞。

一般来讲，在某个区域，蚂蚁会有固定的婚飞场地。目前还不清楚它们是如何确定这块场地的。雄蚁会首先聚集起来，在空中飞舞，然后，雌蚁会赶来交配。并不是每一只雄蚁都有机会和雌蚁交配，它们中的优秀者才能在竞争中脱颖而出，将全部的精子移交给雌蚁。雌蚁的储精囊有冰箱一样的保鲜功能，在雌蚁的一生中，随用随取，不必再次交配。有时候，雌蚁也会和多只雄蚁交配，这能够增加它后代遗传的多样性。

交配后的雌蚁会飞走，然后选择一块地方，折断翅膀，挖掘洞穴，然后藏身其中，开始产卵。在这个过程中，是牢狱一般的生活。幼虫一生下来就要吃，食物问题成了一个大问题。雌蚁通常不会外出觅食，因为这增大了生存风险。好在雌蚁储备了一些营养。但，还不够。接下来，雌蚁将用自己的身躯来喂养后代，首先是用雌蚁已经不再需要的飞行肌，然后是其他肌肉组织。

尽管如此，幼虫所得到的营养依然不是很充分，应该说，仅仅能够维持生长发育。有时，蚁后喂养的后代太多，就可能过快消耗养料。雌蚁也会食用一些卵或者幼虫，以确保自身和一部分后代的生存。比如之前我养的一只蚁后，之前刚刚数过，11个蛹，而真正羽化出来的工蚁只有9只。显然，另外2个蛹已经被消耗掉了。因此，蚁后的第一批工蚁一般数量不会太多，个体也比较小。有了工蚁，雌蚁才可以真正称得上是蚁后了。

在雌蚁建巢的过程中，有一个非常大的威胁，那就是这块土地上已经存在的蚂蚁。它们会不知疲倦地搜捕那些刚刚交配的雌蚁，杀死它们，以便把新的竞争对手扼杀在萌芽中。对此，不得不说，针毛收获蚁使用了非常聪明的婚飞策略。它们婚飞的时间很早，这时，多数蚂蚁还没有充分活跃起来，从而使针毛收获蚁的新蚁后在一定程度上避开了这一威胁。

现在，在我探察的区域，每一个肉眼可见的挖掘"坑"都显然不是一个蚁后在工作，它们普遍组成了联合体，没有例外。我沿着路对正在挖巢的蚁后们进行了随机采集和计数，这样的联合体数量在2~14只，总共，我捕获了58只雌蚁。在山下的平地，联合体的成员较多，采集到的每窝至少有4只雌蚁，八九只的稀松平常，10多只的也不罕见，当然，还没有夸张到几十只组成一群的那种规模。而到了山上，数量明显减少，联合体变成了2~3只，偶尔有4只的，没有更多的。这说明，平地所在的区域应该是它们婚飞的中心，蚁后密度较大，山上已经是外围了，也印证了这次婚飞的小地域性特征的猜测。多个雌蚁共同建巢的好处是显而易见的，它们能比单只的蚁后更快速地建好巢穴，减少暴露在外的风险，同时，它们可以共同孕育出一批工蚁，减少单只雌蚁的压力。

最有趣的事情是，我在采集一个挖掘"坑"的时候，不仅从那里挖到了3只雌蚁，在它们巢室的最底部，居然还挖出了1只雄蚁！真不知这只雄蚁是如何掺和进去的。

在山上，我当然不会闲着，还在翻石头找其他蚂蚁。结果，我翻到了1只孤独的雄蚁。看来这是一个上次婚飞没有成功的家伙。它可能在等待下一次婚飞的到来。毕竟，婚飞还会持续一段时间，也许还有机会。

回到家，我把采集的雌蚁进行整理，在试管巢中，它们聚集在一起，彼此靠拢，这种和平的模式将一直持续到它们成功培育出第一批工蚁。我不知道在自然界，它们会不会上演残忍的宫斗，保留下少数蚁后成为群体真正的上位者。我想这个事情很可能会发生，因为目前记录到的野生针毛收获蚁巢穴里的蚁后数量都不太多，大多为一两只。而合作筑巢的蚁后数量似乎要更多一些。不过我的蚂蚁小屋里，在人工饲养状态下，即使产生了一定量的工蚁，针毛收获蚁蚁后彼此相处得仍然很和睦，不知道是不是人工条件影响到了它们的行为。

▲ 合作挖巢的针毛收获蚁的蚁后们（冉浩 摄）

不止一种

在我的小小饲养间里，并不只有针毛收获蚁的蚁后，还有另外一种，工匠收获蚁（*Messor structor*）。相比针毛收获蚁，工匠收获蚁的蚁后体型要大一些。与针毛收获蚁只有一种工蚁不同，工匠收获蚁的工蚁有分化，不仅有体型较小的小型工蚁，还有看起来更威风的中型工蚁和大型工蚁。

这些工匠收获蚁的蚁后采集自新疆石河子，被分成了3组进行饲养研究，除了我这里，还有一部分由华南农业大学的许益镌副教授饲养。许老师主要的研究领域是红火蚁（*Solenopsis invicta*）的防控，这是一种从南美入侵到我国的蚂蚁，相当厉害，我在本书的后面会细致介绍这种蚂蚁。此外，许老师也研究黑头酸臭蚁（*Tapinoma melanocephalum*），那是一种需要蹲下身子仔细观察才能看到的一种小蚂蚁。在我的"忽悠"下，他对收获蚁也有了一些兴趣。

最后一些，由我们在中国科学院昆明动物研究所的实验室饲养。在昆明动物研究所，张国捷教授和我设立了课题组，以他为主。国捷比我大1岁，是相当厉害的生物学家，我很佩服他。他研究基因组学，也涉及一些蚂蚁研究，读博士期间他就在美国知名的 *Science*（《科学》）杂志发表了一篇蚂蚁基因组学的论文。现在他已经在这一级别的刊物上发表了数10篇文章，从虫到鸟，领域涵盖相当广泛。由于国捷是全球蚂蚁基因组联盟项目（GAGA）的领导者之一，我们的课题组也就有幸能够参与进来，进行有关蚂蚁基因组的研究，同时也进行基于 CRISPR/Cas9技术对蚂蚁进行基因编辑的探索。

不管是针毛收获蚁还是工匠收获蚁，它们都叫收获蚁，是蚂蚁中一个非常特殊的类群，按照生物分类的说法，属于同一个"属"。生物分类学家按照亲缘关系对生物进行分类，把生物装进不同的篮子里，从大到小依次分为"域、界、门、纲、目、科、属、种"，通过这种"大篮子套小篮子"的策略，形成了科学的分类系统。蚂蚁是昆虫纲中的一个科，蚁科；而收获蚁，则是其中的一个属，收获蚁属；针毛收获蚁和工匠收获蚁，则是收获蚁属下面的两个种，或者说，物种。虽然一些人喜欢用"品种"这个词来指代"种"，但是在生物分类学家眼中，这是极端错误的，只有那些人工培育的、非自然演化的，才被称为"品种"。

两个多月之后，我这里的工匠收获蚁和针毛收获蚁的蚁后都有了自己的小工蚁，之前，蚁后和它的小宝宝们都生活在一个狭小的塑料试管中。试管底部用棉花堵住了

▲ 工匠收获蚁的有翅雌蚁和工蚁（李钰 摄）

清水，用作保湿和提供饮水，试管口部用棉花堵住，以便透气。差
不多试管里面的水要干掉的时候，收获蚁终于有了自己的工蚁。实
际上，我这里的蚂蚁还算是发育得慢的，华南农业大学和昆明动物
研究所的收获蚁差不多提前1个月已经羽化成工蚁了。原因无它，地
处广州的华南农业大学早早就迎来了炎热的日子，而昆明动物研究
所的蚂蚁屋乃是人工气候室，湿度和温度常年调控在最理想状态。
而我自己这个蚂蚁屋，气温条件就差一些了。正因如此，工蚁才来
得晚了一些。由此可见，温度对于蚂蚁生长发育非常重要。

新生的工蚁要比正常工蚁小上一号，而且，对于工匠收获蚁来
说，没有大工蚁。大工蚁要等到巢穴强大到一定程度以后才会产生。
我给它们增加了活动的院子，用管子把它们生活的试管巢和一个餐
盒连接起来，每窝一个，这样，它们就可以沿着管子到餐盒开口的
空间活动了。餐盒里可以用薄薄的泥或者石膏浇筑铺垫一下，这样可
以减少静电对蚂蚁生活的影响。最开始的时候，它们比较胆小，畏
缩在试管巢里，不敢外出。渐渐地，它们胆子大一些了，会有一两只
工蚁到小小的活动场逛荡。我丢了一个毛茸茸的野草穗子进去，上
面有草籽，我想它们应该会喜欢。

果然，一窝工匠收获蚁首先行动起来，这窝蚂蚁的工蚁数量不
少。它们派出了6只蚂蚁参与行动。这些小蚂蚁爬上草穗子，然后它

们弓起身子，把头探进去，用上颚去咬草籽根部的连接处，让种子脱落下来。然后，把这些草籽衔在嘴里，叼回到巢穴中。

收获蚁属的蚂蚁得名自它们的生存方式——收获种子，然后分门别类地进行储存。与很多人的认知不同，大多数的蚂蚁并不像童话里那样把食物码放成堆，而是把食物储存在身体里。每一只蚂蚁都是群体的一个"钱罐子"，它们把食物储存在一个叫作嗉囊的"社会胃"里，当同伴需要营养时就把食物从嗉囊中吐出来，反哺给它。有些蚂蚁还特地分化出了专门的"大储藏罐"，这些担任储藏罐任务的蚂蚁，从同伴那里收集营养并在适当的时候反哺给它们。这些蚂蚁的肚子会因为喝下了太多的食物液而撑得大而透明。

平时，针毛收获蚁是非常低调的。但是当秋季到来，其他蚂蚁的活动都在逐渐减少的时候，它们却开始活跃起来，因为这是收获植物种子的季节。收获蚁对种子也是有选择的，据说如果是它们喜爱的种子，收获的程度可以达到100%。收获的种子被搬运到巢穴里特定的小室储存起来，作为群体的粮食。需要取食时，工蚁有力的上颚会破碎这些种子，特别是像工匠收获蚁这些有大工蚁的收获蚁，更是如此。但是这些粮食往往不能被蚂蚁完全享用，有些会幸运地留下来。来年如果遇到潮湿的天气，这些种子就会发芽，从土里长出来。无意之中，蚂蚁就充当了一回播种者。

有时候，蚂蚁还不得不把种子送回地面。因为如果巢穴的环境过分湿润，大批的种子就会发芽，种子发芽就要消耗大量的氧气，如果放任不管，蚂蚁的地下王国就会面临全面缺氧。这时候，蚂蚁就要把发芽的种子送回地面，丢弃在巢口附近。但这未必是件坏事，这些被丢弃的种子会生根、长大，新结出的种子就能成为收获蚁下一年生活的保障。事实上，它们对种子的甄别相当专业，不仅发芽的种子会被丢弃，稍微变质的种子也是如此。我用小米喂养工匠收获蚁，这些脱壳的粮食很容易变质。它们会毫不犹豫地把那些稍有变质的小米从巢穴里丢出来，不再理睬，我必须要奉上好的小米，它们才会把新的小米拖进巢穴里。而我用肉眼很难看出被丢出来的小米到底哪里变质了。

隔洋相望

收获蚁属的蚂蚁分布在欧亚大陆，和它们隔着大洋相望的，还有另一群因为收获种子而闻名的蚂蚁——须蚁属（*Pogonomyrmex*），也被称为红收获蚁或美收获蚁，是另一个不同的属。相比收获蚁那几乎被无视的尾刺（螫针），须蚁的尾刺蜇人很疼。尽管如此，它们依然是美洲角蜥眼中的美味。

这些年须蚁被进行了大量研究，科学家发现了很多有趣的事情。黛博拉·M.戈登（Deborah M. Gordon）等曾对它们的觅食策略进行了研究。在过去的30年里，她一直在美国西南部的干旱地区研究须蚁。在这种严峻的环境下，对于须蚁而言，保持水分的需求似乎是其演化过程的驱动力。须蚁赖以生存的食物是草籽和一年生植物的种子，这些食物不但为蚁群提供了粮食，也提供了水。但是，蚂蚁在获取水的过程中也会消耗水分，单单是外出寻找种子就会让觅食的蚂蚁损失水分。那它们是如何来平衡这一获取和损耗呢？

根据戈登的研究，在这一过程中，它们似乎在凭借互动来调整觅食活动。有觅食任务的蚂蚁只有在接触了足够多的觅食成功的蚂蚁后才会离开巢穴。这里可能隐含着一个假设：每只觅食的蚂蚁只有在觅食成功后才会返回，所以返回的觅食的蚂蚁所反馈出的信息，把觅食活动与食物的数量联系了起来——能找到的食物越多，搜索时间就越短，觅食的蚂蚁返回就越快，需要外出觅食的蚂蚁就越多。

当然，这里面的情况可能还会更复杂一些。诺瓦·品特尔–沃尔曼（Noa Pinter-Wollman）等人还在髭须蚁（*Pogonomyrmex badius*）上发现了一个特殊的"情报"交换模式。

诺瓦等人将主要的研究位置放在了巢穴的入口处，在巢穴内部，紧挨着入口的地方，存在一个小室，这个小室对蚂蚁来说则是一个大厅，一个可以打探信息的大厅，所有外出归来的蚂蚁和即将外出的蚂蚁都将在这里交换外界的信息。诺瓦等人在人工条件下模拟了"大厅"场景，并用摄像机拍摄录像，之后再分析蚂蚁之间触角接触的次数，每次接触算作一次"情报交流"。他们发现，在"大厅"，有些蚂蚁非常活跃，似乎是"万事通"的样子，这些少数的蚂蚁参与了大多数的"情报交流"，而大多数蚂蚁则只参与少数交流。看起来，似乎在蚂蚁中存在一些"情报贩子"。而且根据计算机模拟结果，他们认为这类蚂蚁的存在能够增加信息传播的广度和深度。这将帮助群体加快对食物资源、捕食者或其他突发情况反应的速度，增强群体的生存能力。而且，这种"情报贩子"并非只在蚂蚁中存在，在蜜蜂中也存在。不过，关于何种个体，因为什么原因才会承担起"情报贩子"的任务，现在人们却知之甚少。

另一方面，戈登还在长期跟踪须蚁群体。自1985年以来，她一直在一个地方跟踪研究大约300个蚁群。每一年，她都会找到所有前一年就早已存在的蚁群，向已经死亡的蚁群道别，并把新出现的蚁群标在研究地图上。这些长期研究的数据表明蚁群的寿命为25~30年。根据从250个蚁群所获得的 DNA 信息，她和合作者确定了存在母子关系的蚁群，因此也了解了蚁群觅食活动与其繁殖成功之间存在的联系方式。

他们发现，成功繁殖后代的蚁群往往是那些在干燥、炎热的时候减少觅食活动，宁可减少食物的补充也要保持水分的蚁群。而关于是否减少觅食活动，子代蚁群往往和亲代蚁群保持一致，这意味着其中存在着遗传因素的影响。这项结果让人大跌眼镜，因为许多动物研究都支持食物多多益善的观点。有许多年，我们都认为有些蚁群不稳定、脆弱，因为它们在天气干燥、炎热时很少去觅食。但是事实证明，它们最终子孙遍地。而那些最勤劳的蚁群，它们始终如一，每天觅食，结果却断子绝孙。究其原因，蚁群可以储存食物很长时间，某些天不去觅食，并不会造成生存威胁，而在炎热的天气中失去过多的水分却是致命的。

以种为生

在野外，我们常常会看到叼着种子的蚂蚁，但是，未必是收获蚁。我甚至见到过草地铺道蚁（*Tetramorium caespitum*）从很辣的辣椒中叼取种子。吃种子，绝非只有收获蚁。除了两类收获蚁，还有不少蚂蚁主要以植物的种子为生，其中一些甚至能够将种子分门别类地存放在相应的巢室里。由于种子中富含淀粉、油脂和蛋白质，营养丰富，蚂蚁们进化出收集种子的行为并不意外。这种收获种子的行为在不同的蚂蚁家族中均有发生，在起源上并不唯一，全球至少有100种蚂蚁以此为生，当然，相比于超过1.5万种蚂蚁的总数，仍然不多。

这些蚂蚁主要集中在切叶蚁亚科（Myrmicinae），包括收获蚁属（*Messor*）、小家蚁属（*Monomorium*）、大头蚁属（*Pheidole*）和须蚁属中的部分或全部物种。这些蚂蚁在全球各种生态系统中收集各种各样的种子，但总的来说在温带和热带的干燥地区，如沙漠和草地，这种行为尤为突出。

但是，可能因为种子存在的一些物理防御和化学防御，收获种子的蚂蚁和杂食性蚂蚁，它们的种子食谱不大相同。如在我国存在的白刺收获蚁（*Messor desertora*）就对白刺的种子情有独钟，在它们巢穴中可以找到大量白刺的种子。

总体来说，种子和蚂蚁之间存在相互选择，其中决定是否被收走的因素有种子的大小、形态以及出现的概率。事实上，确实有很多植物会利用蚂蚁这种取食行为进行繁殖，并为此专门设计一番。有超过3000种植物借助蚂蚁传播种子，这些植物的种子通常为蚂蚁准备了富含营养的小颗粒——营养体，以此来吸引蚂蚁捕食，而真正的种子部分则较为坚硬，以防蚂蚁将其咬破。营养体本身的气味和成分都很接近于蚂蚁的昆虫猎物，除此以外，不同植物的营养体还有氨基酸成分的差异。而植物所图的，则是蚂蚁将种子能够带到远方，并在那里生根发芽。

如在云南，伊大头蚁（*Pheidole yeensis*）和舞草之间曾被报道有互惠共生的关系。舞草是我国亚热带地区常见的一种植物，也是植被重建的先锋物种，它们首先出现，保持水土，为其他植被的生长创造条件，随着时间的流逝，舞草数量逐渐减少，当森林出现后，舞草则功成身退，只生活在林地的边缘或者林木较稀疏的地方。舞草的种子上面有一个小小的营养体，这是给蚂蚁的报酬，蚂蚁将种子搬回巢穴后取食其营养体，然后将种子完好无损地丢弃在巢口或巢穴内，这些种子就这样被带离了母体，它们将在这个新的地方萌发，形成新的生命。

▲ 这种红亮的、正在搬运种子的收获蚁常见于西亚及其周边的荒漠地区（图虫创意）

寻　蚁　记

第二章

大头、战斗以及行军

暴力的大脑袋

多年前，我在一座小山上捡蚂蚁。我看到了这些熟悉的家伙——它们有深褐色的身子，群体里有3毫米上下的工蚁，也有5毫米大小的兵蚁。我能一眼认出这些兵蚁，它们有大大的脑袋和发达的上颚，头和身体的比例显得很不协调。我拿出一个小瓶子，开始抓了起来。很快，我发现气氛有点不对了，怎么说呢，我看到这些蚂蚁组成小小的队伍，向我冲了过来。我从没有见过这样的阵势，它们居然向一个对自己来说巨大到可笑的家伙发起了冲锋，想要惩罚我。

我摇头苦笑，果然只有这些家伙才能干得出这种事情来。不过，来得正好。我可以把它们全部都装进瓶子里……

这些桀骜不驯的家伙很快就意识到对手比它们想象的要强大太多了。它们迅速四散奔逃，放弃了讨伐的使命。

这种蚂蚁，叫宽结大头蚁（*Pheidole nodus*），它们这个类群因为兵蚁的大脑袋而得名，俗称大头蚁。蚂蚁是社会性昆虫，它们的巢穴里有蚁后和工蚁，但只有那些战斗力比较强大的物种，才会从工蚁中专门分化出更具有攻击性的兵蚁。大头蚁的种类很多，行为也很丰富，它们可能是这个世界上比较兴盛的蚂蚁类群之一。蚂蚁圈子里的老人家，爱德华·威尔逊（E. O. Wilson），一位了不起的社会生物学家，他最初就是研究大头蚁的。由于种类很多，大头蚁的鉴定并不容易。所幸的是，我在初学蚂蚁分类的时候，几位老师给了我很多帮助。我把大头蚁标本寄给了周善义教授，是周老师帮我确认了它的名字。这些年，周老师给了我很多帮助。我建立了蚁网，周老师也送给了我不少图片。周老师说大头蚁脾气很坏，也很暴力，一般的蚂蚁都不太敢招惹它们。我深以为然。

我关注宽结大头蚁已经很久了。不仅在山坡、农田或荒地能够找到它们，我在一些院落和校园也能找到它们。不过，宽结大头蚁有时候会做较远距离的搬迁，我曾看到过宽结大头蚁拉着长长的队伍，横穿我曾住的小院子，前往新的住所。所以，经常会发生我在

▲ 宽结大头蚁的兵蚁和工蚁（刘彦鸣 摄）　　　▲ 宽结大头蚁的蚁后（刘彦鸣 摄）

外面标记的某窝大头蚁在一两个月后失踪的现象。

　　另外，一些工程建设活动也会破坏它们的巢穴。实际上，建筑活动对在土壤中生活的昆虫造成的破坏是相当大的，原有的生态格局完全被破坏。一些繁殖能力较差的蚂蚁基本被剿灭，即使大头蚁这样生命力旺盛的蚂蚁也会被重创。所以，一个新建的小区，往往要经过很长时间才能重建土壤生态。在这个过程中，那些适应能力强、繁殖速度快的蚂蚁会来抢占地盘，大约几年甚至更长的时间之后，才会出现大头蚁。有时候，一些入侵物种，也会前来抢占机会，先行定居。这也是城市里多发诸如小家蚁、长角立毛蚁（*Paratrechina longicornis*）等外来入侵物种的原因之一。

　　拥有兵蚁的大头蚁战斗力很强，但是，它们通常不会轻易出动兵蚁。在外活动的通常都是身子苗条轻盈的工蚁。这些工蚁的头看起来有点椭圆，泛着金属光泽，总让我想起圆珠笔的笔珠。兵蚁只在工蚁搞不定的时候才会出现，比如，我向蚂蚁洞口丢一条青虫时。

　　那次，我丢过去了一条四五厘米长的青虫。我只知道这是一只蛾子或者蝴蝶的幼虫，具体是哪种的，我就完全不知道了，我对蝴蝶成虫的分类都是个半吊子，更遑论去认识它们的幼虫了。总之，这条青虫看起来比较肥硕，而且有一个好牙口。

　　在蚁巢进进出出的工蚁很快就发现了这条青虫，它们冲上来去

▲ 宽结大头蚁兵蚁（冉浩 摄）

走进宽结大头蚁的世界！

你瞧，谁从洞穴里面出来啦？它们在干什么？

· · · · · · · · · · · · · · · · · · ·

玩转炫酷 AR

打开 APP，点击对应昆虫图标，扫描左侧目标图片，开启奇妙 AR 之旅！

咬住它、蜇刺它。被攻击的青虫显然感到了疼痛，它开始扭动，似乎有点愤怒——虽然我并不确定它是不是有类似情绪一样的东西。接下来的一幕让我对青虫上颚的战斗力有了全新的认识：它别过头，从背后咬住了它身上的一只工蚁的胸部，把工蚁拽下来，然后扬头将这只工蚁举到了半空。青虫松开嘴，这只工蚁便掉落了下来，抽动了几下，死掉了。

就在青虫发威的时候，一只兵蚁出现了。它用上颚去咬住了青虫的上颚，当然，青虫的上颚也就咬住了它的上颚。它们就那么嘴对嘴地咬在了一起。嘴对嘴角力是蚂蚁对战中常见的格斗模式之一。

青虫很轻易就将兵蚁掀了起来，那只兵蚁就像在风浪中颠簸的小舟一样，被甩来甩去。但是，它就是不松嘴。虽然我知道大头蚁兵蚁的上颚很有力，能够把同等体型其他蚂蚁的上颚整个拔掉，但我仍然很担心这只兵蚁会不会被青虫咬碎了上颚。但是，兵蚁的上颚相当结实，它就像塞子一样牢牢堵住了青虫的战斗武器，直至这只青虫被它的巢友们杀死。兵蚁，还活着。

▲ 宽结大头蚁齐心协力，抬走超过自身体重数倍的食物（冉浩 摄）

　　兵蚁在战斗中是非常强大的，能够起到控制局势的作用。我经常会用草地铺道蚁去挑逗宽结大头蚁，前者是一些和宽结大头蚁的工蚁差不多大小的黑色蚂蚁，而且更粗壮一些，也很常见。当草地铺道蚁进入大头蚁的领地后，宽结大头蚁会迅速进入亢奋状态，涌出很多工蚁，但是在战场上真正起到压倒性作用的是少数出来的兵蚁。它们挥舞着上颚，迅速而麻利地咬住草地铺道蚁的腰部，然后，

▲ 宽结大头蚁的巢口往往会堆上不少松散的土粒（冉浩 摄）

咔一下，切掉敌人的腹部，那个圆圆的腹部能够被弹出去老远。兵蚁产生的这种震慑力甚至能够压制住草地铺道蚁的巢口。哪怕只有一只孤立无援的兵蚁在对方的洞口徘徊，草地铺道蚁都很可能会退守在巢内，不敢冲出来围殴这只兵蚁。

　　我一直很奇怪兵蚁为何能够迅速地从巢穴里出来，支援工蚁。直到后来，我在挖掘宽结大头蚁巢穴的时候，偶然发现，原来在离巢口不太远的地下，有一个小室。一些兵蚁就像战车一样聚集、排列在里面。当我掀开它们巢室天花板的时候，清晰地看到了这样的景象。

　　当然，兵蚁也有吃瘪的时候。当我丢蚯蚓给它们的时候，场景就尴尬了。蚯蚓的黏液会蹭到它们身上，然后，这些黏液又会为它们沾满泥土。大头蚁们很不喜欢这样的感觉，它们会用脑袋在地上蹭，似乎想要把粘在嘴边的泥土清理掉。但是，它们身上依然沾满了土和灰尘，样子非常狼狈。

▲ 宽结大头蚁巢穴内部的样貌（冉浩 摄）

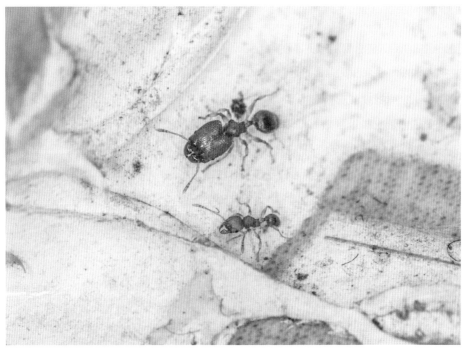

▲ 我家花盆里住着的另一种大头蚁，它们会在暖和的日子里爬出来沿着阳台推拉门的包口爬进卧室（冉浩 摄）

巢穴里的甲虫

又一次出发了，我带着小铲子，绕过居民小区，来到了后面的树林里。这里由两片树林构成，一小片白杨树林的后面，是一小片果林。这里，是宽结大头蚁们的家园，很多宽结大头蚁的巢穴聚集在这里，我非常喜欢这个地方。

我放下包，掏出铲子、毛笔和带塞子的试管，开始寻找起蚁巢来。很快，我锁定了目标。这是一个小小的洞口，毫无疑问，是宽结大头蚁的。于是，我从巢口的一侧下铲子。掀开土皮，我看到了工蚁那泛着金属光泽的圆脑袋，还有兵蚁那厚重的脑袋……我还看到了什么？有甲虫！

我非常兴奋，这类甲虫几乎是我日思夜想的东西！你可以看到它异常宽大的触角，那是蚁甲的标志，是寄生在蚁巢里的甲虫。我用手去拿捏这只甲虫，结果从它身上流出了深色的液体，粘在我的手指上，过了好多天才褪色……这应该是它的防御措施，由翅膀下面的防御腺体产生。作为一个甲虫小白，我回去查阅了资料，原来那是五斑棒角甲。它的识别特征是在黑色的鞘翅上有一个棕红色的"大叉子"。

我在这窝蚂蚁里一共获得了两只五斑棒角甲，而且还是一对，当我把它们倒出来放到培养皿里的时候，这两个家伙还叠起了罗汉——教科书式的交配姿势。

五斑棒角甲寄生在蚂蚁的巢穴里面，甚至有可能取食蚂蚁的卵和幼虫，它们不会被蚂蚁攻击吗？至少以我采来的这两只棒角甲来看，应当不会。我把它们和蚂蚁混合到一起，完全没有被蚂蚁排斥。它们应该盗取了蚂蚁的气味。而且这种盗取相当彻底：即使过了很多天，蚂蚁们一只只逐渐死去，两只五斑棒角甲依然活着，不曾受到攻击。这些能够在蚁巢中安全寄居的动物，有的时候也被称为蚁客。这个世界上有数以千计的蚁客物种，它们图谋蚁巢中适宜的小环境，有些在蚁巢里捡拾垃圾果腹，有些则偷偷地盗取蚁卵、幼虫或

▲ 五斑棒角甲（冉浩 摄）

▲ 五斑棒角甲与宽结大头蚁的兵蚁（冉浩 摄）

▲ 宽结大头蚁的兵蚁似乎在舔舐五斑棒角甲的触角（冉浩 摄）

者蛹。为了能瞒天过海地生活下去，它们通过各种途径盗取巢穴中气味，迷惑主人的感知。

事实上，在野外，很容易识别蚁甲的。它们的外形往往相当特别，看起来有点奇形怪状的样子，特别是普遍宽大的触角，是非常鲜明的特征。关于这个触角的用途，我特别请教了上海师范大学的殷子为副教授，他告诉我，这些触角上面有特别的腺体，可以用来吸引或者安抚蚂蚁。他补充说，这可能是在自然选择条件下，不断进化的结果。事实上，殷子为副教授确实是研究蚁甲的专家，对蚂蚁巢穴内寄生/共生的甲虫相当有研究，他们的团队已经在蚁巢中找到了无数甲虫新种，在国内物种资源调查上，属于开创性的工作。

还有两位对蚂蚁巢穴中的寄生者感兴趣的朋友，他们是西南大学的邱见玥博士和湖南农业大学的许浩博士，他们都是相当热心的昆虫爱好者，研究的领域是花金龟，其中有一些物种被认为和蚂蚁或白蚁存在关系。我手里的 *The guests of Japanese ants*（《日本蚁客》）就是请他们帮忙买回来的，对了解周围的蚁客昆虫有很大的参考价值。他们发现三斑蚄花金龟很可能是一种和蚂蚁有关联的甲虫。这种漂亮的甲虫常常会活跃在中华光胸臭蚁（*Liometopum sinense*）的巢穴表面，而这种攻击性很强的小蚂蚁很少攻击三斑蚄花金龟。偶尔受到蚂蚁攻击时，三斑蚄花金龟则会缩起身体，做出防御状态，厚厚的外壳能让它免受伤害。从这一点上来看，这种甲虫似乎还没有达到蚁甲那种在蚁巢里可以收放自如的状态，它们的体型偏大，不太可能进入到蚁巢内部，似乎只是在蚁巢表面活动。

那它在蚁巢周围活动能获取什么呢？是食物吗？许浩他们向三斑蚄花金龟提供了各种食物，有水果、蜂蜜、糖水等等，甚至包括了中华光胸臭蚁的卵和蛹，遗憾的是，没有观察到它的进食行为。它和蚂蚁之间是何关系，仍然是一个尚待探索的谜题。

▲ 活动在蚂蚁巢穴表面的三斑跗花金龟（许浩 供图）

▲ 树皮表面活动的三斑跗花金龟（许浩 供图）　　▲ 中华光胸臭蚁（许浩 供图）

榕树下的蚂蚁队列

　　我和许益镌走在深圳的海滩上。两个大男人在海边走，还在这里不时看看蚂蚁，这个场景确实有点古怪。然而事实就是这样的。我们是在学生时代就相识了的蚂蚁爱好者，现在，他在华南农业大学任教，主要进行红火蚁和黑头酸臭蚁等的研究，成绩斐然。

　　在海滩的尽头，有一棵老榕树，我们走到了树下。不过，吸引我第一眼的，不是蚂蚁，而是大大小小的海螺一样的蜗牛壳。我正是在这种乐此不疲的捡蜗牛壳的状态下，看到这些蚂蚁的。第一眼，我看到了大脑袋的兵蚁和小头的工蚁，第一反应，当然是大头蚁。然而我很快就发现不对劲了——大头蚁应该不会形成溪流一样长长的队列吧？虽然我已经见识过大头蚁部队搬走香肠片或者拖走蚯蚓干，但是那种规模都不会太大。这里的"大头蚁"似乎太活跃了一点？

　　我喊许益镌来看，我俩细细观察，终于，找到了不对劲的原因：我们在这如同溪流一般的蚂蚁队伍里看到了不同大小的兵蚁。若是如此，我们看到的蚂蚁应该叫巨首蚁（*Pheidologeton*），不，实际上这个名字已经不可用了。在近期，分类学家已经将巨首蚁属撤销，这个属的所有蚂蚁被并入了盲切叶蚁属（*Carebara*），一同被撤销和并入盲切叶蚁属的还有稀切叶蚁属（*Oligomyrmex*）。经过这次重组以后，盲切叶蚁已经变成了一个大类群，在中国，至少有数10个物种记录在案。

和大头蚁只有工蚁和兵蚁两个分型不同，盲切叶蚁的兵蚁可以再细分出不同的类型，大小兵蚁甚至可以相差很多，最大兵蚁的体重可以是工蚁的500倍。因此，这些超级兵蚁在整个队列中就如同人流中的大象一般显眼，一些工蚁也会不时爬上超级兵蚁的背上，搭个便车。事实上，盲切叶蚁确实有用大兵蚁来运送工蚁的传统，甚至在一些物种里，婚飞的时候，硕大的雌蚁还会从娘家背一些工蚁出走，以便能让这些工蚁帮助它来照看产下的卵和协助建立巢穴。

当然，现在，这些细长的队列才是吸引我们的地方。我试着用手机拍了几张照片，然而蚂蚁的爬行速度太快了，完全无法拍摄清晰，没有一个高速的快门，确实干不了

▲ 全异盲切叶蚁的大兵蚁和工蚁的体型差异巨大，它们曾经叫全异巨首蚁（刘彦鸣 摄）

▲ 近缘盲切叶蚁的工蚁行进队列，相当有行军的感觉（刘　▲ 近缘盲切叶蚁的超级兵蚁伴行工蚁的行军队列（刘彦
　 彦鸣 摄）　　　　　　　　　　　　　　　　　　　　 鸣 摄）

这事情。这是它们的觅食队列，我们试着查看这些队列的长度和走势。最终，我发现这是很困难的，它们利用榕树纠缠的树根形成了立体交通网络，来回穿插，如同迷宫一样。最后，我们也没有找到队伍的觅食场。

　　至于我看到它们觅食场的那次，则是和家人前往广东肇庆的高速公路上。那时候，高速公路堵车，百无聊赖下，我们便下车小憩。在路边，我看到了它们搜索队伍的前缘。你瞧，很多时候，就是这样不期而遇。这些盲切叶蚁已经形成了事实上的行军队列，一条队列中可能包含上万只蚂蚁，队伍的先导是侦查工蚁，中小型兵蚁尾随其后。

　　队伍里的超级兵蚁数量很少，它们是群体投入了大量营养才培养出的至宝，它们除了给那些觊觎的捕食者足够的威慑外，还要帮助队伍清理石块和路障，不过大多数情况下并不需要它们出手。一旦抵达觅食场，队伍的前端会像扇面一般展开，潮水般向前推进，形成了覆盖地面的搜索队形。如果遇到猎物，经常是工蚁先拖住猎物，然后兵蚁再跟上来给予致命一击。通常，一口，便能结束战斗。

行军，行军

初夏的阳光还不太强烈，同样是我和许益镌，不过换了一个年份，也换了一个地点，在广州龙洞的山间，我们正在寻找一种蚂蚁的样本材料。我从土路的一侧下来，往山谷方向前进，一边前进一边搜索。

"咔吧"，一根腐朽的竹子被我踩断了。然后，我就看到，成群的黑色蚂蚁从里面像流水一样涌了出来。这已经不是我第一次在竹筒里找到蚂蚁巢了，就在之前一两个小时，我们刚刚在竹筒里遇到了一窝举腹蚁（*Crematogaster* sp.）。而这截竹子里栖居的是一窝细颚猛蚁（*Leptogenys*），可惜，不是我要找的蚂蚁，但它们也是相当有趣的家伙。细颚猛蚁如同盲切叶蚁一样，是行军性的蚂蚁。

不过谈到细颚猛蚁，我想起马什维兹（Maschwitz）等曾经在东南亚一个叫"Malayan Peninsula"的热带雨林中对该类蚂蚁进行了数年的研究，他们研究了12种细颚猛蚁，发现其中有5种具有行军蚁性质的觅食特征。在那里，他们找到了一种与穆塔细颚猛蚁（*Leptogenys mutabilis*）外观非常类似的细颚猛蚁，但没能确定其具体的物种名。这种细颚猛蚁巢群规模不大，成熟的巢穴大约包括3万只或者更多的蚂蚁，但蚁后只有一个。不过意外的是，蚁后很平民化，它会随着队伍迁徙，却没有特别的卫队在这个过程中保护它。它们有固定的居所，往往在倒伏树木的洞中、竹子的空节中或者是落叶层中居住，而且几天就可能迁移一个地方。它们主要以昆虫等肉类为食，对于植物性食物并不感兴趣，但也不会拒绝鱼罐头或者狗粮……队伍外出觅食时往往分成若干个纵队，在高峰时一分钟可以通过上千只蚂蚁，少数工蚁会负责留下气味标记。它们探测到猎物的同时，就会发动进攻，不会像普通蚂蚁那样回去搬兵，而且数分钟之内就可以聚集数百同伴，之后便是潮水般的攻击。猎物很快被杀死，并被肢解搬回。

然而细颚猛蚁也好，盲切叶蚁也好，它们都不是典型的行军蚁

▲ 双节行军蚁的行军队列（刘彦鸣 摄）　　　　　　▲ 东方行军蚁的大工蚁／兵蚁（冉浩 摄）

类，严格来讲，它们只能算是具有行军的行为，但不是行军蚁。分布在非洲和美洲的行军蚁才是货真价实的狠角色。这些行军蚁群体动辄百万，它们的群体往往周期性地生活，也就是在某一个时间段里会比较安分，在这个时间段里是蚁后产卵的时期，而紧接着，群体开始躁动、迁徙，并且猎杀其他节肢动物。

这些行军蚁也是各种影视作品里"食人蚁"的原型，甚至在沙漠场景出现。而事实上，它们通常不会对人造成威胁，而且你也完全不用担心在沙漠里会遇到大型的蚂蚁群体，因为这样的群体会消耗很多的食物资源，沙漠生态环境里食物稀少，不足以支撑这一需求，它们通常只出现在水分和食物都很充足的地方，比如在热带地区。

在我国，也有热带和亚热带地区，但总体较少，环境里的食物丰富度也无法和狂野的非洲、南美洲相比。其结果就是，虽然在我国也存在行军蚁，但是它们要低调得多，多数只在土壤中活动，露头的时候都很少。其中，最常见的东方行军蚁（*Dorylus orientalis*），居然都换了口味，虽然它们会整窝地端掉白蚁，但主食却变成了植物。

寻 蚁 记

第 三 章

弓背、有刺以及隐藏

仪式，仪式

5月初，我漫步在满城陵山汉墓景区里。这地方离我家不算远，景区票价也不高，10块钱，我已经积攒了厚厚的一小叠门票。很小的时候我就来过这里，那时候，景区还没有今天的规模。这里埋葬着汉王朝的中山靖王刘胜，他把自己的陵墓修建在山腰开掘的石窟里，这是一个庞大的工程。如今这儿是个4A级景区。我很喜欢这里，至少在白天收门票的时候，人很少，几乎给我一个人逛公园的感觉。

我来这儿的主要目的，是为了日本弓背蚁（*Camponotus japonicus*）。它是我们全球蚂蚁基因组项目要测序的蚂蚁物种之一，是我硬塞进去的——之前，要测序的弓背蚁是另一种，但是国捷希望多测一些我们中国的蚂蚁，我就做了一个单子，提交其他蚁学家讨论，在首批进行全基因组测序的50种蚂蚁里，为日本弓背蚁争取了一个位子。与日本弓背蚁一同争取下来的还有细足捷蚁（*Anoplolepis gracilipes*）、长角立毛蚁、斗士悍蚁（*Polyergus samurai*）和双齿多刺蚁（*Polyrhachis dives*），遗憾的是，没有为针毛收获蚁争取到这次测序机会，欧洲的蚁学家选择的野蛮收获蚁（*Messor barbarus*）获得了更多的票数。

日本弓背蚁虽然名为"日本"，但实际上不止在日本，也是在中国分布相当广泛的蚂蚁，从南到北，都很容易找到它们。不过遗憾的是，日本弓背蚁被描述定名的时候，正是我们国力孱弱的时代，我们没有自己的蚁学家。这种蚂蚁在日本被定名，也就被冠以"日本弓背蚁"之名，实在可惜！

今天，有爱好者曾经希望发起"正名"运动，将日本弓背蚁翻译为"中国弓背蚁"。但，作为一个已经被定名的物种，我们必须遵守一个被普遍接受的约定：首先对某个物种进行描述的人，拥有定名权，除非这个名字在学术上是无效的。而我们在将学名翻译成中文名的时候，必须忠实于学名。所以，日本弓背蚁这个名字还得继续用下去。虽然我们都感到万分遗憾，然而这也未必是坏事。记

▲ 正在衔土建巢的日本弓背蚁（冉浩 摄）

▲ 日本弓背蚁大型工蚁（冉浩 摄）

▲ 日本弓背蚁中型工蚁（冉浩 摄）

住我们孱弱时候的遗憾，会让我们更向往强大，也能时刻鞭策我们前进。

我沿着小路前行，钻进树丛里，寻找着日本弓背蚁的踪迹。事实上，采集工蚁并不困难，因为这里不时会看到。然而，我要找的是日本弓背蚁的巢穴，因为我们这次测序不仅要对工蚁进行测序，还要对生殖蚁进行 RNA 检验（转录组测序），以便对基因组进行标注。所以，我的主要目的，是为生殖蚁而来，特别是有翅雌蚁。我得赶在日本弓背蚁婚飞之前，确定一些可以采样的巢穴，然后静静等待它们婚飞，以便采集生殖蚁。

我在景区里寻寻觅觅。在一处看起来已经荒废的地方，我掀起了一块砖头。哇！一大窝日本弓背蚁！我可以在这里看到大型工蚁（大工蚁）、中型工蚁和小型工蚁（小工蚁），我还看到了卵、幼虫和茧子。但是，我没有看到生殖蚁。这不意外，我来早了。我看着这些惊慌的蚂蚁把茧子们都搬进了地下的洞穴里，并未阻止它们，心里还寻思着，等回头婚飞的时候来这里采。然而事实是，这次冒失的行动惊扰到了它们，然后，它们搬家了。

从树林出来，我多少有点低落，我没有找到太多的日本弓背蚁巢。然而在我的记忆中，这个景区里应该有很多日本弓背蚁巢才对啊。

我换了一条路往回走，拐进了一排低矮的员工宿舍。就在宿舍前的花池里，我终于又看到一窝日本弓背蚁。我继续向前，沿着几级台阶走进了一组花池中。这里本来是竹林，但是春季，所有的老竹子都已经被伐掉了，新竹才刚刚露头。

我终于找到了地方！

整个这一片地方，布满了日本弓背蚁的巢穴。在植物刚刚发芽，还略显荒凉的花池里，那些堆满了细细土粒的日本弓背蚁巢穴格外显眼。我还可以看到小工蚁们正在进进出出地搬运土粒呢！

这一次，我是幸运的。我不仅看到了日本弓背蚁，而且还目睹了一场别开生面的比武。

作为一种战力强大的蚂蚁，日本弓背蚁更能造成致命的后果，

▲ 正在向外堆土的日本弓背蚁小工蚁，地面上深色的湿土粒是被新带上来的（冉浩 摄）

来自其他巢穴的同类，经常会被领地的实际支配者围攻、肢解。

现在，在我的眼前，正在发生着领土的争夺。不过，这两个巢穴之间的实力似乎相仿，战争也变了味。我看到了一场"顶牛战争"！

只见两个巢穴的大工蚁们三五成群地聚集在领地的边境线上。每只大工蚁都在寻找自己的对手。它们用上颚互相咬合，然后试图把对方向后推。一旦其中一只大工蚁被推得连连后退，它们就彼此松嘴，比试结束。没有剑拔弩张，而是一种仪式性的比斗。这多少有点像古代，两军战场上，各派出一名大将上场比试一般。

而这种非常有礼仪风范的交手方式，在弓背蚁中并不唯一。马丁·普发（Martin Pfeiffer）和卡尔·E.林森美尔（Karl E. Linsenmair）在2001年详细报道了在巨恐蚁（*Dinomyrmex gigas*）的拳击行为。巨恐蚁是与弓背蚁亲缘关系很近的极大型蚂蚁种类，也是全球较大的蚂蚁物种之一，它们生活在东南亚的热带雨林中，

▲ 一只误入别人领地的日本弓背蚁大工蚁被解决掉了，但是获胜的一方并没讨到多大便宜（冉浩 摄）

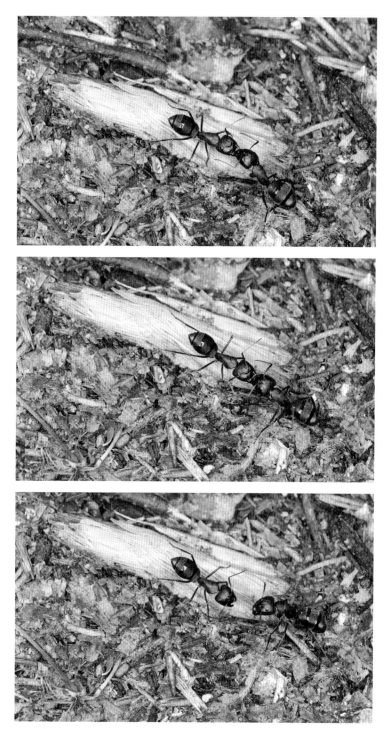

▲ 两只大工蚁的一次"顶牛"过程，右边的这只似乎败下阵来了（冉浩 摄）

是夜行动性蚂蚁。两位研究者选定了马来西亚一个国家公园里大约5公顷内的蚂蚁进行了研究，他们整个研究历时5年，致力于展示蚂蚁王国的领土边界问题。研究者通过在边界增加新的领土（如桌子）或在蚂蚁王国边界之间增加新的通道等，研究蚂蚁对待新领土的行为。

研究人员发现，晚间，巨恐蚁的大工蚁会从巢穴中爬出来，三五成群分别驻守在领地边缘或交通要道，日出前又会收队回巢。这些大工蚁是巢穴的保卫力量，如果遇到外来的蚂蚁，它们就会立即发出警告：用肚子敲击地面发出清脆的响声，它们张开上颚，同时举起前足……一旦和同类敌人接触，战斗就开始了：双方都用后足支撑身体，前足就如同划水一样快速撕扯对方，频率大约4~6赫兹。双方都尽量试图将对手拉到自己张开的上颚控制之下。经过短暂的较量，实力较弱的一方失去平衡，被推到地上。败北的一方后退，双方达到一定距离后，各自就不再理睬对方。一般来说，能够较长时间举起前足的蚂蚁就获胜了。在两只蚂蚁进行这样的较量的时候，各自的同伴多半充当看客，很少上来当帮手。

为什么在蚂蚁中会演化出仪式战法？可能就像马丁·普发指出的那样，彼此之间的真实争斗会使双方都付出代价，甚至因此引起大规模战争或旷日持久的消耗战。而仪式性的争斗可以使对方知难而退，避免正面冲突。而判断对手的依据可能就是"只有最强大的王朝才能孕育最强壮的士兵"，因为只有最强大的王朝才能保证为自己的工蚁提供最充足的营养而使它们发育得更好。

然而，这并不意味着在双方力量悬殊的时候，还会进行这样文明的比武。这种仪式性的比武只发生在边境，一旦有工蚁越界进入对方的领土，它所遭遇的，就将是迅猛而致命的攻击。

日本弓背蚁的婚飞

显然，我不能指望去一两次就遇到日本弓背蚁的婚飞。即使我已经通过往年的观察，知道了日本弓背蚁通常是在5月的某个时间婚飞，但我却很难确定它在今年什么时候婚飞。所以，我必须不停地前往陵山景区，以便可以获得足够多的生殖蚁。至少，为了今年的实验材料，我不能错过了这场婚飞。

第一个婚飞的，是之前在平房前面花池里的那窝日本弓背蚁。老实说，这窝弓背蚁不好弄。它的巢穴在砖石路面和花池之间，只在花池的边缘有几个巢口。为了获得生殖蚁，我总不能把景区的铺路砖撬开吧？而就在路面的砖缝那里，一大批弓背蚁的工蚁在窄窄的砖缝形成的巢口那里警戒，虽然我明知道在那下边就有生殖蚁，甚至我都能看到里面有生殖蚁活动的影子，我依然束手无策。

▲ 图中左下砖缝里的巢口（冉浩 摄）

我只能从旁边花池里的两个巢口入手，那里至少有土，可以挖。我用小棍子掘土。第一次，就真的被我找到了生殖蚁！甚至有一只有翅雌蚁。我对这种有翅雌蚁印象深刻。它们飞行的时候会发出嗡嗡的声音，听起来就像是一只蜂。事实上，蚂蚁也确实是蜂类的后代，也属于广义的蜂类。这一点，与白蚁不同。白蚁虽然称为蚁，但它们和蚂蚁并非同类，它们更加古老，与蟑螂（蜚蠊）的关系更近。日本弓背蚁的雌蚁是相当漂亮的虫子，浑身乌黑发亮，翅膀也很粗壮。遗憾的是，因为掘土的位置不对，它受了点伤，最终没有活下来。

按理说，我的挖掘方式是不对的。应该是先用铲子把蚁巢四周的土清掉，但不损伤蚁巢的巢区。然后，再轻轻剥去或者掰去蚁巢的覆土。通常，这样不会伤到蚂蚁。然而你不能指望我带着铲子硬闯景区不是？更何况花池里还有花……我用的只是一根捡来的木棍。这就是景区和野地最大的区别，你不能愉快地、肆无忌惮地挖土。

除了这只雌蚁，我还获得了几只雄蚁。一般来讲，巢穴里雄蚁的数量会比雌蚁多，因为后者要投入更多的营养。后来，我又在这里挖过几次，又获得过一些雄蚁，但再没有获得雌蚁了。

▲ 图中左下是我挖到的一只雄蚁，右上还有一只中型工蚁（冉浩 摄）

5月23日，转机终于来了。我清楚地记得，这是一个星期二。经过了连续两天的降雨，天气放晴了。我下意识地觉得，这个下午，可能有希望。于是，下午两点多，我再次来到了陵山景区。

果然，我在花池中捡到了一只有翅雌蚁。我继续向前，终于，一窝相当大的日本弓背蚁在婚飞，数个巢口都在向外涌着生殖蚁，有翅雌蚁和有翅雄蚁都有。我当时，真的兴奋极了。我掏出大把的试管，开始捕捉生殖蚁。为了防止我的动作惊扰了蚂蚁的婚飞，把生殖蚁都吓回去，我只捕捉爬行出巢口一段距离，准备起飞的生殖蚁。同时，按照基因组项目的要求，我还要捕捉一些工蚁。

▲ 被工蚁护卫的日本弓背蚁有翅雌蚁（冉浩 摄）

▲ 正在从巢口向外爬的日本弓背蚁有翅雄蚁（冉浩 摄）

必须承认，日本弓背蚁的大工蚁是有一些战斗力的，而且战斗意志坚决。这样盛大的婚飞，周围又怎么少得了充当护卫的工蚁呢？最初我是带了线手套的。结果手套上爬了只大工蚁，那家伙的上颚死死咬住了手套上的线绳，根本拿不下来。后来，手套上爬了不少蚂蚁，我只好放弃手套。然而，没了手套的保护，肉手更不行了……一个没注意，被大工蚁近身，它的上颚就像剪刀一样，剪开了我的皮肉，干净利落，真锋利！

这就是大蚂蚁和小蚂蚁的区别，北京凹头蚁固然凶悍，但只是中型蚂蚁，它的撕咬最多让你突然疼一下。但日本弓背蚁这样的大蚂蚁就不一样了，它咬一下是一下，真的可以让你的皮肤流出鲜血。

不管怎样，虽然受了点小伤，总算采集了一些生殖蚁。我开始往回走了，时间是下午4点多。在路上，我发现更多的巢穴开始婚飞了，整个景区的日本弓背蚁巢似乎都行动了起来！到处都是涌出巢穴的大小工蚁，还有来回爬动的生殖蚁。看来，这时候，婚飞的起飞规模已经达到了最大值。

第二天，我又来了，虽然日本弓背蚁还在婚飞，但规模已经大为缩减。之后的日子里，日本弓背蚁的婚飞越来越少。看来，5月23日这天，是2017年陵山景区日本弓背蚁婚飞最盛大的一天，经过近一个月的跟踪观察，我遇到了。

背上有刺的蚂蚁

在广州龙洞，我正聚精会神地瞅着一棵树上的蚂蚁。与河北不同，这里更常见的是尼科巴弓背蚁（*Camponotus nicobarensis*），它们的体型要比日本弓背蚁小不少，不过颜色更漂亮一些。相比日本弓背蚁，尼科巴弓背蚁真是太温顺了。

这次，是我和许益镌一同出动的。这一次，我们要考察的是和弓背蚁亲缘关系很近的一类蚂蚁，多刺蚁。蚁如其名，多刺蚁属

（*Polyrhachis*）的蚂蚁在背上通常会有弯弯的尖刺，而且很多时候刺的数量不少。我们驱车沿着道路前进，直到公路的尽头。

我们下了车，沿着土路前进。前进没有多远，我们就找到了一只多刺蚁，它比掘穴蚁要大一些，灰色的身子闪着丝绸般的光泽。在野外，没有书籍可以借鉴，但是好在这里有网络信号，不像霞云岭那儿，我访问了自家的网站——蚁网。蚁网的手机版还不太好用（这事我回头会抽时间调整），但还是可以用来检索一下蚂蚁的相关知识。

你看它尖刺的位置和形态，肩上的两个刺向前弯曲，胸部与后腹部之间的结节上面也还有两根弯刺。这应该是一只拟梅氏多刺蚁（*Polyrhachis proxima*）。事实上，不止多刺蚁，很多蚂蚁身上都长着刺，只不过多刺蚁在这方面更加突出罢了。至于这种刺的作用，应该是与防卫有关的。尖刺使得蚂蚁更不容易被吞下去，而且口感也会变差，这都会降低捕食者的食欲。

我们继续向前。必须承认，华南的蚂蚁物种多样性要远远超过华北，光大头蚁我就看到了好几个物种。我甚至看到了黑色的细长蚁在撅着肚子迅速跑过……

转过一个弯，许老师有了新发现。我们看到了野生的双齿多刺蚁，这种蚂蚁也叫拟黑多刺蚁或鼎突多刺蚁，是上了"三有"动物名录的，受到保护。所谓的"三有"动物，指的是有益的或者有重要经济、科学研究价值的陆生野生动物。没错，有一点要特别明确，蚂蚁虽小，只要不是人工饲养的，也是野生动物。当然，蚂蚁的情况比较特殊，它是社会性昆虫，个别工蚁的生死对巢穴影响不大，关键是不能轻易杀伤蚁后。当然，其实你想伤到蚁后也没那么容易，至少，你很难找到它。

双齿多刺蚁是非常有意思的蚂蚁，它们会用幼虫的丝。你没看错，是丝。很多蚂蚁物种的幼虫是会吐丝的，它们也会结茧，在茧子里化蛹，然后从蛹里羽化再变成成虫。然而实际上丝对于巢穴中的幼虫已经没有多大的作用，工蚁能为它们提供足够的保护，所以在比较进步的切叶蚁亚科的蚂蚁中，丝已经被完全抛弃了。而在另

▲ 广州龙洞，我们搜寻多刺蚁的小山谷（冉浩 摄）

▲ 树叶上的拟梅氏多刺蚁（冉浩 摄）

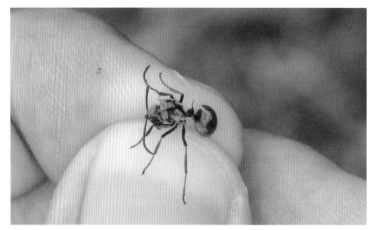

▲ 注意看拟梅氏多刺蚁身上的刺（冉浩 摄）

一些类群中，丝被移作他用。黄猄蚁（*Oecophylla smaragdina*）生活在树上，它们用幼虫的丝来粘合树叶，在树冠层构筑起树叶堡垒。双齿多刺蚁同样将幼虫的丝作为筑巢的材料，不过，它们在地上做巢，将树叶、土粒等混合在一起做巢。

我们继续沿着小路前进，终于，我们看到了双齿多刺蚁的觅食队列。我们想看看它们一直通向哪里去。于是，我们沿着山体，跟着蚂蚁的队伍，向下追索，一直走出了很远，至少有20米的距离。然后，我们就找不到那个队伍了。

奇怪啊……既然跟丢了，那就算了。我们准备往回走。

然而眼角的余光一瞥，原来如此！这些家伙都在我们头顶不远处的树枝上！原来它们的觅食场在这里啊！你可以看到，这些蚂蚁都趴在叶子的背面，这样你俯瞰的时候几乎很难看到它们。在这些叶子上，都有一些蚜虫。蚂蚁和蚜虫之间的互惠关系几乎人尽皆知，这些柔弱的昆虫依靠蚂蚁的保护而逃避天敌。相应地，它们得交保护费，也就是被蚁学家称为"蜜露"的玩意儿。实际上，就是蚜虫的便便。这些排泄物相当有营养，大量的糖和氨基酸都没有被蚜虫吸收，而溶解在便便里。蚂蚁们用触角轻拍蚜虫，促使它们排便，然后舔舐掉这些便便，储存在自己的肚子里。当它们的肚子装满了蜜露，就会返回巢穴，反哺给自己的同伴。而另一些空着肚子的蚂蚁则正在赶往这里的路上。所谓的蚁路就是这样形成的。

我们反其道而行之，试着向蚁路的另一边追索，寻找这窝蚂蚁的巢穴。然而很遗憾，蚁路进入了道路另一侧的山石之中，山壁陡峭，我们只能作罢。

事实上，双齿多刺蚁的巢穴相当难找，通常你只能看到零星活动的蚂蚁，却看不到它们的巢。这些巢可能隐蔽在树木的洞穴中，也可能隐蔽在草丛里，总之，相当考验眼力。

不止如此，其实日本弓背蚁的巢穴在野外也不容易找到，特别是当它们将巢建造在草丛中的时候。毕竟演化了这么多年，每一种蚂蚁多少都会那么一点自我隐藏的手段。

▲ 双齿多刺蚁工蚁（刘彦鸣 摄）

▲ 这里是一个觅食场，双齿多刺蚁从这些蚜虫那里获得蜜露（冉浩 摄）

▲ 双齿多刺蚁非常喜欢蚜虫，这是另一窝的觅食场，只是这个觅食场要小得多（冉浩 摄）

▲ 在龙洞活动的哀弓背蚁，如果不细看，很容易把它们当成多刺蚁（冉浩 摄）

▲ 蚂蚁和很多产蜜露的昆虫之间都建立了互惠关系，比如这张图，黄猄蚁和小小的叶蝉之间也产生了互惠关系（图虫创意）

第四章

林蚁、悍蚁以及蚁山

▲ 一个比较大的北京凹头蚁巢群（冉浩 摄）

这名字谁起的？

又是一年初春，我和家人出门去踏青。当然，作为自然爱好者，我们总是非常小心翼翼地对待周围的花草。在北方的这个季节里，很多野花已经盛开，比如开紫花的地黄、开黄花的蒲公英，还有开小白花的荠菜。事实上，在我们铺上垫子的小树林旁边，就有一大片荠菜，它们有青绿色的叶子，还有三角形的果实。若是果实成熟了，轻轻一捏，果实就会轻易炸开，把种子弹射到四周去。

就是在这些盛开的荠菜花中，我看到了老朋友——大约五六毫米长、红褐色的掘穴蚁（*Formica cunicularia*）。每次我提起这个名字，总有人反应"哦！就是挖洞的蚂蚁对吧？"……然而，多数蚂蚁都挖洞，而掘穴蚁，只特指这个物种。我已经不知道是谁首先给掘穴蚁起了这样一个名字，我小时候用红蚂蚁代指它，而那时，在吴坚和王长禄合著的《中国蚂蚁》一书中，已经有了"掘穴蚁"这个名字。其中文名的最初来源已不可考证，很可能是翻译自它的拉丁语学名"*Formica cunicularia*"。这个学名是1789年由拉特雷尔（Latreille）在法国定名的。在西欧，掘穴蚁分布广泛，因此，它们很早就被蚁学家发现并定名。事实上，它们是整个欧亚大陆北方地区的优势物种，相当常见。

在拉丁语学名中，一个物种名由两部分组成，第一部分，是它的属名，比如"Formica"，是一系列特征相似的蚂蚁物种的统称。这里，就是蚁属，也有人称之为林蚁属，因为这一属的蚂蚁物种多见于林地。蚁属是蚂蚁中的代表性类群，它们体态轻盈、行走迅速，身体有丝绸一般的质感，微微泛出光泽。很薄的体壁赋予了它们迅速的行动力，也使它们的防御相对薄弱，如果你拿捏它们的时候不够小心翼翼，往往都会给蚂蚁造成内伤。不过，这并不妨碍它们成为凶猛的蚂蚁——它们的上颚虽然缺了大头蚁那种钳子般的厚重感，却薄得如同刀片一般锋利。

"cunicularia"这个词跟在"Formica"之后，是一个形容词，用来形容"Formica"，词义是"会打洞的、挖掘的"。连起来读，就是"会打洞的蚁属蚂蚁"的意思。这很可能是中文名掘穴蚁的来源。无独有偶，在鸟类里，也有一个种名形容词和掘穴蚁相同，那就是穴鸮，学名是"*Athene cunicularia*"，一种住在洞里的猫头鹰。

　　好在，掘穴蚁也没有辱没了自己的这个名字，在各种穴居的蚂蚁里，至少挖洞的水平不算太差。你可以看到由数10个洞口靠在一起的巢区，不停有蚂蚁将土粒衔出来，在洞口四周堆积起来。如果你细细观察它们的筑巢行为，你可以看到它们的花式挖掘法：有时候，因为洞口堆积的土粒太多了，需要再向外搬运一些。这时候，会有工蚁就像小狗一样刨土。它会用头对着洞口，尾部朝外，然后，踮起中足和后足，用前足迅速向身后扒拉土粒，把土粒抛离巢口。这个行为，当真让人惊奇。

▲ 在荠菜花上吸食花蜜的掘穴蚁（冉浩　摄）

▲ 掘穴蚁的工蚁和巢穴中的茧子（冉浩　摄）

▲ 我惊扰了掘穴蚁的巢穴，叼着一团卵和低龄幼虫的工蚁跑了出来（冉浩 摄）

▲ 在河北采集的掘穴蚁的蚁后标本（刘彦鸣 摄）

连续战争

在春天，掘穴蚁有很多事情要做。它们修葺巢口，从荠菜花上取食花蜜。同时，还要做一件重要的事情——划分领地。在经过了一个漫长的冬季之后，所有曾经活动过的气息和气味标记都已经消失，不同巢穴之间的边界，已经丧失。

在北方，掘穴蚁和玉米毛蚁（*Lasius alienus*）几乎是宿敌。玉米毛蚁的体型略小于掘穴蚁，然而它们非常善于地面上的大兵团作战，好像欧洲的正规军。如果你放一只外来蚂蚁在他们的巢穴附近，立即可以招来潮水一样的蚂蚁大军。但玉米毛蚁单兵攻击力较弱。而掘穴蚁却完全相反，它们从不发动大规模的阵地冲锋，但行动迅速且单兵攻击力强。因此，玉米毛蚁很难成功捕捉到掘穴蚁，它们对付掘穴蚁的策略是第一只工蚁死死咬住掘穴蚁，减缓它的行动，等待援兵。而掘穴蚁的应对策略则是尽快杀死玉米毛蚁或用尾部喷射蚁酸迫使它放弃。因此，被拖住的掘穴蚁可能被玉米毛蚁的援兵杀死，掘穴蚁也有可能将玉米毛蚁杀死作为食物，结局则取决于两只工蚁的力量对比。

但在地面上，玉米毛蚁往往会派出大批的部队攻击掘穴蚁的巢穴。掘穴蚁的游击式战法无法正面和玉米毛蚁抗衡，它们采取了防守的策略。所有的蚂蚁都退入洞中，几只掘穴蚁工蚁在入口张开上颚进行防御，在它们身后则是大批的工蚁部队。玉米毛蚁没有掘穴蚁力气大，不能把堵着洞口的卫兵拖出来杀死，相反却很容易被对手拖入洞中杀死。因此，玉米毛蚁不敢擅自行动，于是往往形成僵持的局面。当玉米毛蚁大军退去的时候，掘穴蚁又在巢外活跃起来，一切如初。

除了地面，在地下巢穴之间有时会打通，往往也会出现争斗。实际上整个争夺会是一个包括地面和地下的立体进攻与防御的拉锯战。

2003年的春天，在河北大学校园内我曾详细观察了一次精彩的战争。那里有一排白杨树，东西走向排列，开春的时候，一窝玉米毛蚁占据了其中的前两棵，从此向东的若干棵白杨树则是被掘穴蚁占有。双方就围绕着处于交界的第3棵白杨树的所有权展开了争夺。应该说这是玉米毛蚁的一次收复失地的战争，因为2002年那里是它们的领地，现在玉米毛蚁因为苏醒得较晚，它们建造的巢穴被向东侵犯的掘穴蚁占据了。

终于，在4月13日，我发现小股玉米毛蚁开始在第3棵白杨树周围活动，它们开始向西扩展了，但这时地面的巢穴依然被掘穴蚁们占据着。第二天，情况进一步发展，玉米毛蚁开始反击，它们从大本营直接开凿了地下隧道，在白杨树西侧打开了出口。有相当数量的玉米毛蚁开始活动，一些掘穴蚁占据的入口受到影响，它们不时把一两只试图进攻的玉米毛蚁拖到洞里消灭。掘穴蚁仍然牢牢控制着白杨树下的地面。

4月16日，形势急转直下，玉米毛蚁发动了大规模进攻，取得了地面控制权！驻扎的掘穴蚁部队龟缩在洞穴里用上颚向外进行坑道防守战。玉米毛蚁则攻占了最东边的一个洞穴，在地面上造成了对掘穴蚁蚂蚁洞口的合围。地下的洞穴可能已经被打通，地下战争估计已经进入白热化，一部分掘穴蚁已经被分割在狭小的区域内，它们四面受敌。

一直到4月18日，掘穴蚁没有在第3棵白杨树附近进行活动，玉米毛蚁仍然占据了整个地上部分领地，地下战事暂时无法进行判断，估计掘穴蚁已经放弃了反扑。玉米毛蚁成功夺回了原来属于它们的领地，玉米毛蚁已经取得了阶段性胜利。

它们的力量已经开始威胁第4棵白杨树，收复失地的战争开始变为侵略战争了。玉米毛蚁的大举侵略似乎激怒了整个掘穴蚁社会，在第4棵白杨树的地下，一定发生过非常激烈的战斗。4月26日，掘穴蚁的兵力再次推进到第3棵白杨树，它们占据了除西边一个洞口外所有的洞口。看来，玉米毛蚁的有生力量已经在地下被大量歼灭，战争再次迎来了转折。

但玉米毛蚁依然在组织抵抗，它们试图封锁第3棵白杨树的基部来保障自己对白杨树资源的占有。但是，掘穴蚁工蚁凭借自己的速度和力量轻易就可以穿过这道防线。更糟糕的是，还有一窝树栖蚂蚁也被惊动了，它们自上而下地发动了一次战争。在双方的夹击下，玉米毛蚁的封锁没能坚持几天。

掘穴蚁则开始巩固胜利的果实。它们把占领的通道加大、加宽，使这些原来属于玉米毛蚁的巢穴不再适合玉米毛蚁作战，即使玉米毛蚁再攻下来也不可能守住了。之后，这里的战争零零星星持续了一个夏季。2004年春天，到了再次复苏的时候，可能因为失去了这部分食物资源，食物储备减少，玉米毛蚁的冬天似乎过得并不好，群体实力下滑，面对因获得了新领地而更加强大的掘穴蚁巢群，再没能靠近第3棵白杨树了。

▲ 正在搬运食物的玉米毛蚁工蚁（冉浩 摄）

▲ 隐藏在草丛间的玉米毛蚁队伍（冉浩 摄）

▲ 玉米毛蚁的巢口，在入口处，一只毛蚁正张开上颚做出守卫的姿态（冉浩 摄）

奴隶和奴隶主

多年前，8月的某天，我正沿着一条废弃的铁轨前进。今天，这些横穿城市的铁轨已经被拆除，变成了一排商铺。当时，我准备挖开一窝掘穴蚁，寻找一些茧子，送给我新养的掘穴蚁的蚁后。掘穴蚁从6月份就开始婚飞了，这之后，交配过的生殖蚁会满地乱爬，寻找合适的筑巢场所。我就是在这时候俘获了一只蚁后，不过让它一点点从产卵到哺育幼虫有点太辛苦了。不如我去找一些已经变成蛹的掘穴蚁，当它们从茧子里羽化出来的时候，就是成年的工蚁了，它们会协助新蚁后经营它的巢穴——你想得没错，蚂蚁就像蝴蝶一样，是完全变态昆虫，也要经历卵、幼虫、蛹和成虫阶段。而且，很多蚂蚁的幼虫会吐丝结茧，掘穴蚁就是这样。

铁轨的两边都是荒地，我尝试着挖掘了几下。突然，我挖出了奇怪的东西——这东西看起来像是雄蚁，它拥有黑色的身子，但是腿和触角却是雪白的！就连翅膀也透着白色，而且它的后翅很不发达，看起来有点像苍蝇的平衡棒。呃，这是什么诡异的东西？

我把这诡异的雄蚁装进瓶子里，继续前进。

很快，我就被震惊了。在不远处，一条黑色蚂蚁组成的队伍赫然在目。而这些蚂蚁似乎正涌向一个掘穴蚁巢穴，不，准确地说，它们已经得手了！

我几乎是狂喜，这些家伙是蓄奴蚁，悍蚁！

悍蚁，看名字就知道这绝对不是好惹的蚂蚁。它的上颚如同镰刀一样，尖锐而锋利，如果放到解剖镜下去观察，你就可以看到在它上颚的内侧有一层很薄的锋利边缘，就如同刀刃一般，于是，这些上颚可以轻易刺进人的皮肤。还好，它们很少主动攻击人，甚至很少外出。

既然不外出活动，那么它们从哪里获得食物呢？

悍蚁非常特殊，它们就像"奴隶主"一样，有"奴隶"给它们干活。"奴隶"负责到外面去采集食物，甚至管理巢内的日常事务，而

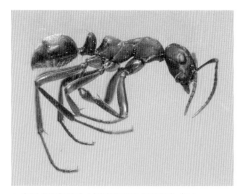

▲ 在河北采集的斗士悍蚁的工蚁（刘彦鸣 摄）

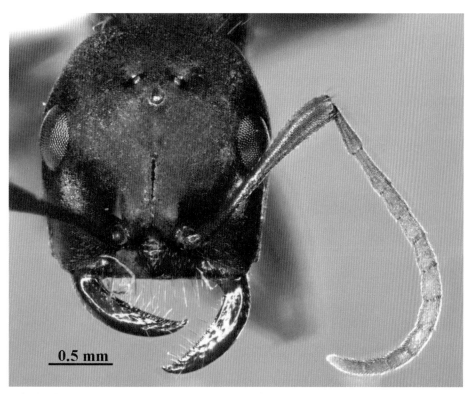

0.5 mm

▲ 斗士悍蚁标本头面观，请注意看它上颚内侧的样子（陈志林 摄）

这些"主子们"只要不断发动战争来掠夺"奴隶"，就能永远坐享其成。实际上，它们的巨大上颚已经影响了进食，它们自己无法吃东西，只能靠"奴隶"来喂。

在中国，至少分布着两种悍蚁，一种是斗士悍蚁，也就是我看到的这种蚂蚁，它们曾被译为"佐村悍蚁"，后者是对斗士悍蚁解读错误而出现的译名，但已获得了普遍承认；另一种则是红悍蚁（*Polycrgus rufescens*）。红悍蚁在欧洲也有分布，我有七八分把握，法布尔在他的《昆虫记》提到的那些红蚂蚁就是红悍蚁。悍蚁一般奴役蚁属的蚂蚁。根据《中国蚂蚁》的记录，在日本，斗士悍蚁奴役日本黑褐蚁（*Formica japonica*），在中国，它们则奴役掘穴蚁。悍蚁每年7月底到8月会外出掠夺"奴隶"，有时一天高达3次。之前，只是在书籍中看到，今天算是开眼了。

▲ 被掘穴蚁"奴隶"环卫的悍蚁蚁后（聂鑫 摄）

▲ 斗士悍蚁的上颚可以很轻易地刺穿人的皮肤（聂鑫 摄）

此时，悍蚁军团已经突破了掘穴蚁的一个入口，正在从里面往外运茧子。尽管一个巢口失守，掘穴蚁还是在其他巢口组织了大量的兵力进行疯狂反击。它们是那么的亢奋，甚至会误伤同伴。但这种反攻收效甚微，悍蚁的上颚可以轻易刺穿人的皮肤，更何况掘穴蚁的身体!

不过，悍蚁并不刻意杀死掘穴蚁的工蚁，即使有抵抗的，只要放弃抵抗，就不下死手。

我丈量了一下被掠夺巢穴到悍蚁巢穴的距离，大概有14米。在悍蚁巢内的掘穴蚁"奴隶"仍在做修葺巢室的工作，没有随悍蚁部队行动，也未见有任何兴奋的举动。

悍蚁军团的进攻明显带有批次性，工蚁一批一批杀过来，大量的工蚁集团式地涌入掘穴蚁的巢口。之后，略为平静，随后就有大批的茧子被携带出来。在这些茧子中，我注意到有2枚是裸蛹，显然，在哺育过程中，掘穴蚁并没有试图杀死没能顺利结茧的幼虫，而悍

▲ 行动中的斗士悍蚁部队（司洋 摄）

蚁在掠夺的时候也没放弃它们，看来，在蚂蚁世界里，能否顺利结茧并非判断幼虫是否健康的标准。我还注意到，搬运出来的只有茧子，没有幼虫和卵。这有两种可能，一是这个季节里掘穴蚁蚁后已经不再产卵，另一个可能则是悍蚁只选择了蛹。我觉得，后者的可能性大。悍蚁可真是精明到了家，它们连一点点哺育的成本也不肯下。当然，我的目的也达到了，悍蚁携带出的茧子也被我截留了一些，真是"强盗"打劫强盗……

山东烟台的蚂蚁爱好者左环阁，也为我讲述了一次他观察到的场景，这个场景更加完整。这次受害的对象依然是一种蚁属的蚂蚁，据他说，很可能是日本黑褐蚁。

"故事发生在一个炎热的午后，一只孤单的斗士悍蚁突然从巢里冒了出来，在黯淡的日本黑褐蚁中，它泛着银光的身体格外引人注目。它径直离开了蚁巢，未有半点留恋，它是蚁群的侦察兵，背负着蚁群给它的使命——找到一窝日本黑褐蚁！在茂盛的草丛中，它的身影若隐若现，几次消匿于草叶之间。也许是凭着气味，也许是凭着战士的直觉，它来到了一个繁盛的日本黑褐蚁巢前。守卫的日本黑褐蚁发现了这个不怀好意的入侵者，立即用大颚撕咬起来，斗士悍蚁如同一位谦卑的隐士，蜷缩起来并未反抗，任凭日本黑褐蚁的撕咬。慢慢地，攻势开始减弱，斗士悍蚁抓住时机，一翻身就逃走了。它沿着来时的路，迈着匆忙的步伐回到了巢中。

"大概过了20分钟左右，斗士悍蚁一反往常的慵懒，开始大批集结在巢口，一个个非常兴奋的样子，巢口顿时黑压压的一片，仿佛是大战前的点兵。这样的场景大约持续了15分钟左右，随后悍蚁大军浩浩荡荡地出发了。我注意到，奴隶们并没有跟随，而是留在巢中，继续做自己的事情，好像什么也没有发生。

"两个巢穴大概相距50米，悍蚁大军差不多用了20分钟到达，日本黑褐蚁发现外敌入侵，组织了大量兵力在巢穴外围疯狂反击，然而这一切也无济于事，斗士悍蚁的镰刀状大颚仿佛只是为了战争而生，虽然悍蚁们并不刻意杀死日本黑褐蚁，但是如果哪只蚂蚁敢阻拦，悍蚁会毫不犹豫地刺穿反抗者的身体。很快斗士悍蚁击破了阻拦，鱼贯而入，地面上仅留下不知所措的日本黑褐蚁。然而日本黑褐蚁的反击不会停止，它们还有最后一招，那就是带着茧逃出巢来！我发现，有大概100多只的日本黑褐蚁带着茧逃了出来，它们发挥自己行动敏捷和较高攀爬能力的优势，带着茧爬到了草尖上，斗士悍蚁相对笨重，攀爬能力也远不如日本黑褐蚁，只能望而却步。整个劫掠过程中我只观察到了3只死去的日本黑褐蚁，因为斗士悍蚁失去了奴隶便无法生存，所以它们不会屠杀大量的日本黑褐蚁，也不会杀死其蚁后。

"不到10分钟，一批批斗士悍蚁就携带着茧出来了，我注意到它们只带走了茧，而没有带走幼虫和卵，之后我曾经掘开过那个日本黑褐蚁的巢，发现卵和幼虫都在，只是蛹基本没有了，由此可以得出结论：斗士悍蚁的抢劫是有选择的，它们只会带走蛹。得手后的它们会原路返回，路上偶尔会有几只日本弓背蚁的大型工蚁试图打劫蚁蛹，它们会攻击外围的斗士悍蚁，迫使它放弃蛹，这时日本弓背蚁就可以带着战利品满载而归了。

"尽管有所损失，绝大部分的斗士悍蚁还是安全地带着茧回到了巢中。这些被抢来的茧，用不了多久就会羽化出新的工蚁，它们将为整个蚁群的运转注入新的力量。"

至于只抢夺茧子的问题，多数情况下应该是这样的。但是，似乎也存在例外，就在快要成书不久，左环阁又发信息告诉我，他观察到了一窝悍蚁在劫掠的时候是幼虫和蛹通通搬走的，还发来了少量图片。若是如此，看来悍蚁只是优先选择蛹，在没有蛹或者蛹不够满足需求的时候也会选择幼虫和卵。

与左环阁观察到的侦查方式不同，很可能它们还有另一种搜索模式。前几年，我在河北省易县的清西陵景区附近，看到了一支悍蚁队伍。这支队伍穿过了青砖铺成的古老路面，一直向另一侧推进。我起初以为是它们的劫掠队伍，然而当我追踪到队伍尽头的时候，却没有蚁属蚂蚁的巢穴。它们四散开去，看起来更像是搜索的队伍。我观察了它们一段时间，不过因为另有任务，就离开了。

有时候我们可能会想，那刚刚交配后的悍蚁雌蚁是孤家寡人，落地以后也没有工蚁辅助，它是如何饲养第一批工蚁，又是如何获得第一批"奴隶"的呢？这家伙凶悍地玩起了鸠占鹊巢的把戏。单枪匹马的悍蚁雌蚁会直接硬闯蚁属蚂蚁的巢。刚开始，被入侵的工蚁会攻击悍蚁的雌蚁，但是一旦入侵者找到了主人的蚁后的位置，并且开始攻击受害的蚁后时，"王对王"的战争爆发。那些工蚁便停止了攻击，所有的工蚁都成了角斗场的观众，似乎正等待真正王者的出现。这可能是入侵者趁机窃得了原后蚁的气味，使工蚁出现了感知混乱。这是一个危险的游戏，如果悍蚁的蚁后不能及时找到巢穴原本蚁后的位置，它就可能陷入工蚁的围攻而死亡。所以，它得行动迅速，并且还有一点点运气才行。当然，这其中也不排除它们还能使用其他化学工具的可能。

霞云岭的霸主

2017年的夏季，我正宅在家里，徐正会老师打来电话，说湖南卫视的一个摄制组希望去霞云岭拍北京凹头蚁（*Formica beijingensis*），问我是否有时间去一趟。这是好事。而且，我对霞云岭一带的蚂蚁也相当有兴趣，那里的北京凹头蚁相当有名。于是，我便一口答应了下来。

事实上，在这之前很多年，我已经通过朋友获取了霞云岭的蚂蚁标本，对那里的蚂蚁分布还算了解。不过，为了能够更准确地掌握那里的情况，我还是向曾经去过那里的朋友进行了细致打听。然后就带上塑料试管、棉花、滑石粉、手持吸尘器等野采装备前往北京了。在北京西站的地铁站，安检时被扣下了一瓶防晒喷雾，原因是属于易燃品。还好，我还带着防晒服。这不是我第一次被地铁站扣下东西了，在昆明地铁站我还被收过一瓶花露水，原因是配料里含有酒精。后来，我在这方面就比较注意了。大家也是，出门的时候看要清楚携带的瓶瓶罐罐里的成分，注意不要携带含有易燃易爆成分的物品。即使安检查不出来，也不应该携带，因为安检本身就是为了保护乘客的安全。

在北京，我和摄制组会合了。与以往我们拍摄的纪录片不同，这是一个带两个小孩一起活动的娱乐探险类节目，有些情节实际上是表演性的。节目会按照剧本，设计成若干个场景进行拍摄，拍摄的场景顺序和将来剪辑过的场景顺序并不相同。现在，摄像师和作为嘉宾的小孩子还没有来。我们将首先在霞云岭做两天的考察，选择拍摄现场和地点，然后摄像师和孩子才会进场进行拍摄。这对我来讲，是再好不过的事情了——摄制组已经安排好了琐事，我只管带着他们一起看蚂蚁就好。

第二天一大早，我们便动身赶往霞云岭。这真是一个漫长的旅程，汽车在盘山路上行驶，直到中午，我们才赶到旅店。简单吃了个饭，下午我们便驱车去看北京凹头蚁。由于已经知道了北京凹头蚁的具体位置，所以我们便直接抵达了那里，百草畔海拔1300~1500米的针叶林。这地方毗邻百花山，离涞水的野三坡已经相当近了。经过了数10分钟的车程，道路两边，已经可以看到大大小小的蚁丘了。

于是，我们找了一个地方停车，和这些小蚂蚁来亲密接触。

我把蚂蚁拿起来，捏到手上，细细观察。严格来讲，在没有解剖镜辅助的情况下，很难确定一个蚂蚁的物种名。不过，这些红色小蚂蚁一眼就能让人看出是蚁属的蚂蚁，而且"后脑勺"那明显的凹进应该是北京凹头蚁没错了。

▲ 霞云岭，北京凹头蚁生活的环境（冉浩 摄）

▲ 蚁丘表面活动的北京凹头蚁工蚁（冉浩 摄）

▲ 草丛之中的北京凹头蚁小蚁丘（冉浩 摄）

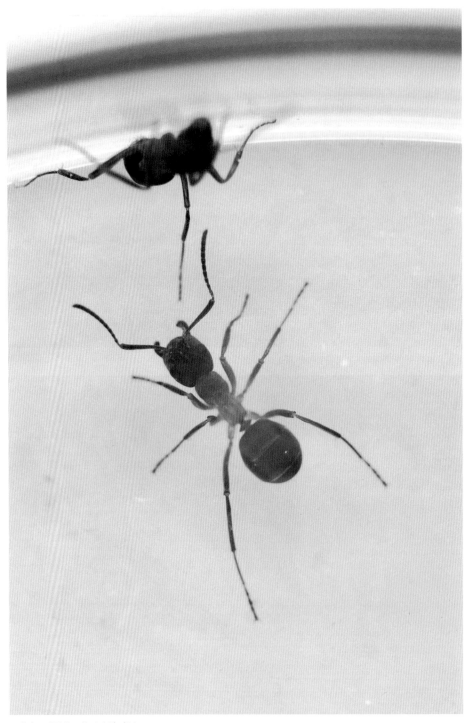

▲ 北京凹头蚁的工蚁（冉浩 摄）

这里的蚂蚁数量很多。爬满了地面，即使小心翼翼，你也很难不踩到它们。而且，它们的攻击性很强，会顺着你的鞋子一直爬到身上，然后毫不犹豫地咬上一口。为了避免蚂蚁上身，我们不停地跺脚，其结果往往会踩死蚂蚁。然后，很可能是先头的蚂蚁发出了召集或者警示的气味，抑或是死亡的蚂蚁释放了什么气味，越来越多的蚂蚁聚集过来，奔向我们。于是，我们不得不换一个地方。

即使如此，我们还是观察了附近的蚁巢。这些蚁巢是由落下的松叶堆积而成的，在这些蚁丘上，还可以看到工蚁正用嘴巴叼着松针，搬运回来。整个蚁丘将随着收集到的松针数量的增多，以及群体数量的增加，而一点点变大。这样的蚁丘对于蚂蚁来说是相当必要的，北方的高海拔地区在冬季将格外寒冷，松针堆积而成的蚁丘将为群体提供保暖。内部的腐败会产生热量，也能加速巢穴的空气流通。

我们决定打开一个蚁巢看看。我首先在铲子柄上抹上滑石粉，以免蚂蚁沿着铲子爬到我的手上来。然后，我们找了一个小小的，大概20厘米高的小蚁丘，用铲子小心翼翼地从侧面打开……好多茧子！然后，我们闻到了刺鼻的蚁酸味，这些小蚂蚁已经愤怒了。它们从后腹部喷出蚁酸，弥漫在空气中。不过幸好它们并不能像某些蚁属蚂蚁那样，把蚁酸喷射出20厘米远，不然的话，我们就根本无法靠近观察了。从这个角度上来讲，北京凹头蚁还不是蚁属中最凶悍的类群。这些蚁酸对呼吸道具有腐蚀性，对我们和蚂蚁都是如此，由于它们的喷射距离很近，实际上，主要对它们自身有害。这也是很多蚂蚁装在小瓶子里很快就会死亡的重要原因之一，浓烈的蚁酸被封闭在小瓶中，它们自食其果。

我们打开蚁巢，看到了蚁丘的剖面。在这些松针堆的内部，有一个一层的小室，水平地平行排列。这是蚂蚁巢穴的特点：由水平的巢室和垂直的通道组成的洞穴系统。如果能够用水泥或者石膏浇筑的话，我想一定会有非常好的效果。然而，我们没有准备……下次有机会再说吧！

▲ 北京凹头蚁大巢穴的主巢区（冉浩 摄）

▲ 这个区域也属于这个大巢穴（冉浩 摄）

▲ 打开的蚁巢内部，可以看到分层的巢室结构（冉浩 摄）

　　我们的行为招来了很多蝇，它们应该是循着蚁巢里腐烂的气味而来，或者想趁火打劫。总之，这里越来越热闹了。是时候离开了。我们把挖开的松针重新堆回去，要不了多久，这个巢穴就能恢复。当然，也有可能因为受到惊扰，它们会放弃这座巢穴，转去别处。这样的事情经常发生，很多时候，我惊扰过一群蚂蚁后，当我再次到访时，那里已经被废弃。放弃家园，对一个蚁巢来讲，是非常惨重的损失。因此，如果不是研究或者观察的需要，我们尽量不要去惊扰它们。

　　我们继续向树林中前进，寻找更大的巢穴。

　　在一片茂盛的松林下，一个很庞大的巢穴出现了。它由数个大型的蚁丘组成中心，周围围绕着大大小小几十个蚁丘。粗略测量之下，占地至少55平方米，甚至更大，这种规模，当真少见。这里，最终被确定为一个重要的拍摄地。

　　这样的一个大型蚁巢，是应该得到妥善保护的。因此，我们没有惊扰蚂蚁，继续前进。随着我们的深入，除了小型蚁巢，我们也找到了若干中型蚁巢。但是，在北京凹头蚁的领地里，很少发现其他蚂蚁。这时候，我的脑子里不禁想到了一个问题：这些大大小小的蚁丘，它们彼此之间到底是什么关系？

▲ 能够用松针堆出蚁丘的并不只有北京凹头蚁，在我国的东北以及更北的地方，直到欧洲和北美，有多个物种活跃在林间（图虫创意）

▲ 一旦受到惊扰，这些蚂蚁会以极大的密度覆盖住巢区，密集到说不定会让你有点恐惧（图虫创意）

强大的联合体

我们的考察仍在继续，有若干个蚁巢相继被打开。我们确认了巢穴的主体在地上，松针堆下面的土壤里，蚂蚁的数量相对较少。同时，我们也不得不面对这样一个问题，那就是我们到目前为止还没有见到蚁后。很可能是蚁后隐藏在工蚁之中，我们没有注意到，也可能是它隐藏在更深的地下。但是有一点应该是可以确定了，那就是整个蚁丘里的蚁后数目不会多，甚至只有一只的可能。以我的经验来看，如果群体中有较多数量的蚁后，早该看到了。

我们继续前进，做了不少小实验。比如有人说的蚂蚁灭火。对多数蚂蚁而言，这是个谬论，它们不会冲进火堆，也不会用自己的蚁酸和血肉之躯来对抗火焰，反而会加速逃跑。但是，北京凹头蚁是个例外，至少对烟头如此。我们采集了一些蚂蚁，把它们装进小盒子里，然后，随行的编导点燃了一根烟，轻轻放了进去。这些高傲并且桀骜不驯的蚂蚁毫不客气地向烟头展开了攻击，即使最后被烧得直冒青烟。这说明，至少对少数蚂蚁来说，灭火一事倒是靠谱，而对它们而言，很可能点燃的烟头被当作了一个强大的入侵者。必须说明的是，我在这里并没有让您或者其他朋友在林间重复这个实验的想法，任何情况下，在林间玩火，哪怕是一根烟头，都是极危险的行为，更何况松林很容易被点燃。所以，如果不想遭遇危险或者事后赔偿赔到倾家荡产甚至蹲班房，请不要在林间制造任何与火有关的事情。而我们，先是小心翼翼地把烟头掐灭，再倒上一些矿泉水，才结束了这个实验，并且，我们带走了这根实验用烟。

任何时候，我对于大片的蚂蚁种群，都抱着一种超级巢穴的假设。于是，我终于决定要测试一下这些蚁丘之间的关系了。这个测试非常简单，我从不同的巢穴采集了工蚁，然后把它们混合在一起，看看是不是会发生战斗。

通常，这是检验不同巢穴之间关系的重要方法。蚂蚁是靠气味维系的群体，它们把化学气味作为自己的语言，以此传递信息，也据此识别敌人——凡是与自身气味不同的家伙，都会被视为敌人而攻击。这些识别身份的气味来自巢穴环境、周围的工蚁，特别是群体的核心——蚁后。因此，由于不同巢穴的蚁后和工蚁具有自己独特的基因组成，它们的气味和其他巢穴蚂蚁相当不同。蚂蚁们能够察觉这一点。所以，当我把来自两个巢穴的蚂蚁放在一起的时候，理论上，会发生战斗，而且很可能是你死我活的那种。要想和平，只能是同一窝的蚂蚁共同生活。

然而事实是，当我把来自两个不同蚁丘的北京凹头蚁放到一起的时候，它们并没有争斗……我不死心，去更远的地方采集了蚂蚁，混合到一起，仍然没有争斗。后来的几天里，我在节目拍摄的空档多次重复这个实验，结果都是一样的——这里随便几个巢穴的蚂蚁的工蚁混合到一起，都不会争斗。我也从没有在野外观察到它们发生争斗。

那说明至少在我进行实验的这个范围内，这个群体的工蚁之间都是彼此认同的。难道整个区域，所有的北京凹头蚁是一个巨大的群体？要知道，这里大大小小的蚁丘，数以千计，漫山遍野。

这事情就有点恐怖了：原来我们一直在一个巨大的蚁巢中晃荡啊！这多半是事实。不过好在，这个超级巢穴多半只是一个松散的联合体，而不是像行军蚁那样高度统一和协调的群体，否则，我们多半已经走不出这片林子了……

或者说，你可以把这里的每一个蚁巢看成是一个个独立的王国，然后众多王国构成了一个松散的联邦。而造成这个状况的原因，很可能是整个区域内的蚂蚁彼此之间的亲缘关系相当近。很可能当群体的遗传状态极为相似的时候，不同巢穴的工蚁和蚁后就有可能具有相似的气味，从而造成彼此的相互接纳。曾经有这样的研究报道，在亲缘关系之间比较近的日本弓背蚁巢穴的工蚁之间会比较克制，攻击性会减弱。但是事情可能也不是那么简单，2017年5月的时候，我在同一窝日本弓背蚁里采集了工蚁和未交配的有翅雌蚁，然后将它们分成了两组，一直饲养到9月初。这时候，一组里只剩3只工蚁，另一组则剩1只处女雌蚁和两只工蚁，于是，我将这两组蚂蚁混合到了一起。经过了将近4个月，它们原来巢穴中的共同气味已经完全消散，它们应该只携带自身的一些气味了。最初观察的时候，它们似乎真的友好地在一起相处，并没有发生激烈的争斗。但是，几天之后，当我再观察的时候，那只雌蚁以及很可能是它的同伴的两只工蚁已经被肢解，只剩下了3只工蚁。这意味着，它们并没有彼此完全容忍。

即使如此，相互容忍的情况仍在多个物种中出现了，比如在澳洲被称为彩虹蚁（*Iridomyrmex purpureus*）的蚂蚁，在同一族群的不同巢穴之间也可以彼此接纳。在我们课题组所在的昆明动物研究所的后面，是昆明植物园，课题组的原成员李钰经常会到那里观察和采集蚂蚁，他发现那里的某些大头蚁似乎也形成了一个族群，不同巢穴之间，彼此也可以相互容忍。

▲ 饲养盒里残存的3只工蚁，在画面的上方，那团残骸，就是被肢解的处女雌蚁（冉浩 摄）

实际上，这种情况在蚁属蚂蚁中尤其多见，如欧洲的草地蚁（*Formica pratensis*），还有在我国存在的石狩红蚁（*Formica yessensis*）。特别是石狩红蚁，1979年，在日本的一个岛屿上，曾报道有一大群石狩红蚁被发现，它们群体数量非常巨大，包括了大约3亿只工蚁，108万只蚁后，生活在45000个互相连通的蚁巢中。这是一个相当巨大的超级群体。不过眼下看来，我们所遇到的北京凹头蚁群体，覆盖着整片松林，如果它们的群体能一直沿着太行山脉绵延一段距离，恐怕不会比那群石狩红蚁的规模小多少。如果将来有机会，可以通过一次更大规模的考察来确定它们覆盖面积的大小。现在，天色已晚，该回去了。

山高蚁分层

又是一个清晨，霞云岭早上的空气相当清新。在山下的小旅店里，我们吃过早餐，继续踩点和考察之旅。今天，我们主要关注的是从旅店到百草畔中间这一段的蚂蚁分布，或者说，考察从一个海拔相对较低的地方，一直到海拔比较高的地方，蚂蚁们是如何分布的。

我们驱车向上，一直到达了四马台附近，这是一个建设得相当漂亮的小村子。在这个村子的小广场附近，我们进行了探察。从旅馆到这里，蚂蚁的分布大体是相似的，我还能够看到非常熟悉的日本弓背蚁，这种黑色的大蚂蚁是东亚和东北亚地区较受关注的蚂蚁之一。在这里，我没有见到掘穴蚁，事实上，掘穴蚁在相当程度上是非常平原化的蚂蚁。它们在整个华北平原的各地都很常见，但却很少见于山脉中。唯一的例外是在北京的八达岭长城上，我见过这种蚂蚁。而另一种蚁属的蚂蚁——日本黑褐蚁，它们的身材和掘穴蚁相仿，当然，也可以说和北京凹头蚁相仿，事实上，整个蚁属的多数蚂蚁物种看起来体型都大小相仿。同样行动迅速，似乎跑得更快，我试图拍上几张照片，最终却没有成功。它们的性情和掘穴蚁相仿，没有北京凹头蚁那么具有攻击性。

之后，我们继续向上，又访问了几个地方，情况变化不大，不过在一处山坳，我们意外地遇到了一窝悍蚁，当然，巢穴里的"奴隶"不是掘穴蚁，而是日本黑褐蚁。这倒是和日本的记录相符，也和左环阁的观察匹配。

我们一直向上。当接近针叶林的时候，在林地的边缘，我们的所见，发生了变化。这个时候，之前的蚂蚁物种组合已经完全不同。在这块空地上，我发现了从未见过的黑色小蚂蚁，它们的数量很多，而且排列着非常长的队伍，一直从林间延伸到空地。

我一度以为这种不到5毫米的小蚂蚁是某种臭蚁，但是，当我回家以后认真观察标本的时候，发现它原来应该是一种毛蚁。经过师弟陈志林的协助，确认这种蚂蚁应该叫亮毛蚁（*Lasius fuliginosus*）。

我循着亮毛蚁的一个队列向前探索，绕过树木、踩过落叶，这个行程比悍蚁寻找奴隶的队列还要长，最终，我穿过了这一小片树林，被引导到了公路上……而这个队伍则进入了公路下面的路基中，我只能作罢。

于是，我换了一窝，开始跟踪另一条蚁道。整条蚁道一直向内延伸，然后我看到了几条蚁道彼此交汇……呃……我遇到了十字路口？于是，我选定其中一条，继续跟踪下去，一直向内，树木越来越密，最后，我不得不放弃。我返回头来跟踪另一条，结果依旧。试过多次以后，我意识到，它们所形成的蚁路之长，远远超过了我的预计。我想，至少会有几十米吧！而我看到亮毛蚁的觅食场，要等到去昆明棋盘山国家森林公园的时候。同样是相当高海拔的山顶，我见到了它们。不过，这里亮毛蚁的队列远远达不到在霞云岭的规模。在一株果子很像榛子的植物上，我看到了它们正在觅食，很可能是从那里获取蜜露。亮毛蚁，是一个喜爱蜜露的种族。

让我们再回到这次霞云岭的考察，我继续翻动石块，这一次，没有了日本弓背蚁的身影，取而代之的，是广布弓背蚁（*Camponotus*

▲ 棋盘山上亮毛蚁的觅食场（冉浩 摄）

herculeanus），一种看起来中间有点发红的弓背蚁。广布弓背蚁的
个头与日本弓背蚁相仿，是高海拔版的日本弓背蚁。之前，曾有朋
友和我说这个地区有毁木弓背蚁（*Camponotus ligniperda*），我想
这可能是个误会。毁木弓背蚁的侧面和广布弓背蚁确实有几分相似，
特别是从标本的侧面观察，几乎看不出区别，然而它们的头面，也
就是"正脸"，存在细微差别。我想，之前的朋友可能是鉴定错了，
把广布弓背蚁错误鉴定成了毁木弓背蚁，前者分布在我国北方的很
多区域，而后者主要分布在新疆地区。不过两者相似度确实很高，
而且分布区域重叠，它们之间的关系，最好能够通过分子生物学手
段进行再确认。

我只了解蚂蚁

又过了一天的早上，我看到了摄影师和作为嘉宾的小朋友。他们是头一天晚上很晚才抵达的，路上很辛苦。现在，他们要启程拍节目了，在山中，要拍摄两天。头一天是一些游戏，我不用出境，我只是跟着摄制组从头一天踩点的那些地方，一层层向上，顺便采采蚂蚁。先是日本弓背蚁那层，然后是亮毛蚁，中间停顿了几个点。这一天很自在，我甚至有时间坐在大石头上，一边看着他们忙忙碌碌地拍摄，一边看一支日本弓背蚁小队把一条蝗虫腿护送到巢穴里。到了第二个拍摄日，整个摄制组终于来到了北京凹头蚁这一层，我也出镜了。最后，经过各种折腾，霞云岭的拍摄圆满完成。每个人身上都带着蚂蚁，甚至有人还会产生被咬的错觉……

最后，我们采集了半整理箱的北京凹头蚁，连蚂蚁带松针，搬上车，带回北京，我们要进实验室补拍一些实验镜头。当整个摄制组返回的时候，天空下起了大雨，我们差不多午夜时分才赶到宾馆。在宾馆里，我们把整理箱里的蚂蚁倒进了一个涂好滑石粉的空着的大鱼缸里。在鱼缸里，北京凹头蚁经历了最初的混乱，它们蜂拥着试图爬出鱼缸，当然，这是徒劳的。鱼缸内壁涂抹的滑石粉完美地阻止了它们的出逃行动。它们无法越过这条防线。我们就这样一起过了一夜，我在床上睡觉，它们在桌子上的鱼缸里做巢。

当次日的阳光洒进宾馆的时候，鱼缸里的北京凹头蚁已经整理好了自己的巢穴，厚厚的松针里开出了一个个洞口。而这一次，我还看到了有翅膀的生殖蚁，应该是雄蚁。

之前，我甚至怀疑拥有超级巢穴的北京凹头蚁是不是没有生殖蚁，只进行无性生殖？其中的理由，除了这些蚂蚁巢非常庞大，我比较怀疑单一的蚁后是否有能力产生如此庞大的蚁丘。而不论是我，还是之前徐正会老师的采集，都没有在北京凹头蚁的巢穴里采集过蚁后。不过既然看到了有翅的生殖蚁，那这种猜想就应该去掉大半。何况我采集这些蚂蚁的时候并没有看到生殖蚁，可现在，它出现了，

▲ 亮毛蚁的觅食队列（冉浩 摄）

▲ 发现亮毛蚁的空地，空地的边缘就是很密实的针叶林了（冉浩 摄）

而且还不止一只。这说明我们在采集时也有可能已经遇到了蚁后，但是没有看到，与它擦肩而过了。至于后来，因为别的机缘，我还是在别的地方见到了北京凹头蚁的蚁后，所以，我之前的那个无性繁殖的想法是不成立的。

上午，我们到达了北京实验动物研究中心，感谢他们能够提供实验室帮助我们完成拍摄。

在这里，我再次测试了北京凹头蚁的气味识别问题。首先，我要确定北京凹头蚁的敌我识别能力是不是有问题。我把北京凹头蚁和日本黑褐蚁放置在一起，看它们是否会打起来。作为同一个属的两种蚂蚁，它们的外形差别极小，如果北京凹头蚁形成超级巢穴的原因是敌我识别能力很差，那它很有可能无法将日本黑褐蚁识别为敌人，或者攻击性因此减弱。然而，结果是，没有丝毫放水，双方打得你死我活，在行为上看不到任何异常的地方。北京凹头蚁的敌我识别能力应该没有太大问题。

接下来，我要消除它们的敌意，看看之前关于气味的推断是不是正确。由于蚂蚁是用自身的气味和对方进行比较，所以我采取的是气味混合的方法。通常是用昆虫麻醉剂将两只蚂蚁麻醉，然后让它们在昏迷状态时被放到干燥试管里，震荡，让彼此摩擦接触，进行气味混合。但是研究中心借给我们的实验室里没有昆虫麻醉剂。于是，我换用酒精麻醉，关于麻醉的方法，不必纠结，只要让它们麻醉即可，其实，用冰箱稍微冻一下也是可以的。经过麻醉和混合摩擦以后，我把两只蚂蚁放在培养皿里，静静地等待它们复苏。当它们醒来以后，之前的争斗行为消失了，两只不同种的蚂蚁，相安无事。果然，北京凹头蚁也是靠气味来识别敌我的，与其他蚂蚁无异。这也印证了我的猜测，应该就是霞云岭上的北京凹头蚁巢穴之间亲缘关系很近，彼此气味相似，才造成了看似联合体的状态。

嗯，让人紧张的事情在后面。这个节目设置了一个环节，毕竟是娱乐节目，抓眼球的事情还是要做的。编导准备让毒虫们和蚂蚁来一个大比武。其实这事谁心里都明白，单个毒虫就是再强大，也不可能是蚂蚁的对手，放进去单纯挨虐罢了。不过观众就是喜欢看虫子打架，这也算是节目为了收视率的妥协吧。然而我只了解蚂蚁，对毒虫并不熟悉，要我丢毒虫进去，可做不到像拿蚂蚁那样游刃有余。

　　这中间，还真是出了点小插曲。这些毒虫都是编导从北京的宠物市场里淘来的，我们需要把毒虫从饲养盒里转移到大烧杯里待用。为此，实验室为我们准备了长镊子。前两个，帝王蝎和毛蜘蛛的转移还算顺利，到了蜈蚣就出问题了，买来的这家伙和小蛇一样大，体壁光滑，而且力气比我想的要大，还会往镊子上缠。于是，在搬迁它的时候，这个奋力扭动的家伙挣脱了镊子，掉地上了。它在实验室的地板上迅速而奋力地逃走，引得一旁协助的实验员相当紧张，小姑娘生怕这家伙逃出去在实验室里安了家，嘴里不停地念叨。好在，它并没有跑多远，被我又用镊子捡了回去。其实，当时我也是满心忐忑，要是真让它遛到实验室的桌子下面，乐子可就大了……

　　不过，故事还没有结束。作为一个蚂蚁爱好者，我怎么可能不

▲ 放在培养皿里，准备拍照的蚂蚁（冉浩 摄）

把采集到的蚂蚁带回家？于是，大概100多只北京凹头蚁的工蚁被我带回了自己的蚂蚁屋。然而，它们活得并不好，很快就走向衰亡。最后，只剩下不到10只了。这时候，我才想起来，已经拖了好久，还得给它们拍特写。趁还有活着的，赶紧拍吧。

我把剩下来的活蚂蚁倒进了涂好滑石粉的培养皿里，你猜我发现了什么？混杂在北京凹头蚁里，居然有一只日本黑褐蚁！它和北京凹头蚁们相处得很好！这是什么状况？这只蚂蚁是从哪里来的？难道北京凹头蚁也像悍蚁一样会蓄奴？我赶紧把过去的那些尸体扒拉出来，认真翻找。结果，没有找到第二个案例。虽然诸如血红林蚁（*Formica sanguinea*）这样的蚁属蚂蚁确实会奴役同族蚂蚁，但是北京凹头蚁却从没有人报道过。而且，一种蚂蚁是堆松针的，另一种蚂蚁是在地下挖洞的，两种蚂蚁的生活方式也有点不搭啊。没有必要生活在一起吧？或者，这会不会是某种机缘巧合？这只日本黑褐蚁的来源，在我心中成了一个谜。看来，霞云岭这地方，有机会还得再去啊。

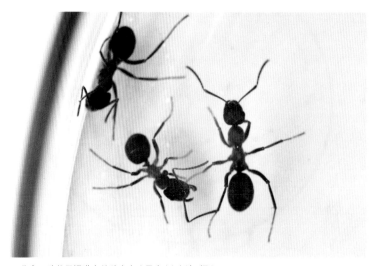

▲ 北京凹头蚁里混进来的外来者（最右）（冉浩 摄）

第 五 章

大齿、陷阱颚以及新种

用嘴弹跳

在昆明植物园，我们实验室成员组成的蚂蚁采集小分队正在前进，这里是昆明植物研究所的辖地，里面种植着他们到处收集到的植物，生物多样性相当不错。当然，最关键的是离昆明动物研究所的新所很近，两个研究所是一墙之隔……呃，不对，连墙都没有。

所以，这里成了我们可以选择的采样地，实验员李钰过去也常来这里找蚂蚁。

我们一路前行，进入了林木茂盛的地带。在一棵树下，我们看到了高高的土堆，巢口相当宽大，这应该是一种大蚂蚁。我仔细朝巢穴里望去，隐约看到里面有一只蚂蚁，应该是一只大齿猛蚁（*Odontomachus monticola*）。确切地说应该是山大齿猛蚁的蓬莱亚种，但一些学者认为蓬莱亚种是一个错误的鉴定。我师弟陈志林在研究了这类蚂蚁的标本后，认为蓬莱亚种不仅存在，而且是中国分布最广泛的大齿猛蚁，甚至应该提升为独立的蓬莱大齿猛蚁。我支持他的观点。不过，在这个观点被正式发表并得到学界认可之前，我们姑且还是先叫它山大齿猛蚁。本书中提到的山大齿猛蚁，都指的是它的蓬莱亚种。

我对山大齿猛蚁还是比较熟悉的，它们甚至可以称得上我蚂蚁的启蒙老师。我最初接触山大齿猛蚁的时候是大约只有八九岁，具

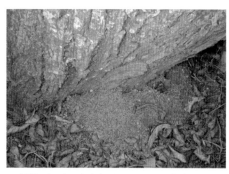

▲ 在树根处，有一个大齿猛蚁的巢穴（冉浩 摄）

▲ 行走在林间落叶上的一只山大齿猛蚁（冉浩 摄）

体的年龄我已记不太清了。当时，我随着父母搬迁到一座土坯房宅子里，现在这座宅子已经变成了宽阔马路的一部分。那是父亲辞去了优越的航空管制员工作，和母亲一同回到家乡后，全家度过的最艰苦的一段日子。房子很老旧，但房租很便宜，一个月只收10块钱，而且晚上可以透过屋顶看到星星——那时我的眼睛还没有近视——但是居然不会漏雨。这样的结果是，院落里有各种天然动物——偶尔会出现的蛇、蝎子，我还见过不少于3种的壁虎……这种混乱的情况在母亲养了几只鸡、我在院子里种上了一小片几十厘米高的杂草以后变得更加混乱……在这种状况下，唯一变得不幸的动物就是蚂蚁，它们因为各种莫名其妙的遭遇而发生莫名其妙的战争，不断减员——谁让有个对它们很感兴趣的小家伙在作怪呢！

也就是在这段时间，我和山大齿猛蚁在院子里相遇了，它也是我接触的第一种大型猛蚁。我惊讶于它们奇怪的上颚和上颚合拢时清脆的"喀嚓"声，将它们捏在手上反复把玩，但是我发现捏着它们时间太长了手会隐隐作痛，但我明明已经避开了它们的上颚。终于我发现，它们的屁股上有一根弯弯的长刺，一直扎我的手——原来我是被蜇了。很长时间后我才知道蚂蚁是能蜇人的，而且有些蜇人是很疼的，不只是隐隐作痛。只能说我是幸运的，我没有一开始遇到那些蜇人很痛的蚂蚁。

不过，现在这种大齿猛蚁和我熟悉的山大齿猛蚁不太一样，至少，在我的印象中，北方的山大齿猛蚁不会堆起这样高高的土堆。我一度以为这次遇到的不是山大齿猛蚁，而是另一种大齿猛蚁。但事后，我将标本放在解剖镜下细细地观察，原来还真是山大齿猛蚁！看来，在不同的地域或者生境下，它们的筑巢方式也不太一样。

我们沿着道路向前，山大齿猛蚁的巢穴越来越多，于是，我们放弃道路，攀上了一面斜坡。在没有人打扰的地方，山大齿猛蚁的巢穴也大了起来，一个巢穴能占上一小片区域，有了点大巢穴的味道。要知道，猛蚁家族中的蚂蚁，除了细猛蚁这类，一般来讲巢穴都不会很大，蚂蚁的数量也不会太多。然而我们试着掘开了一个巢口，里

▲ 就是这块石头了，阳光正好洒在这里（冉浩　摄）

▲ 搬开石头，里面呈现出了蚁巢的细节（冉浩　摄）

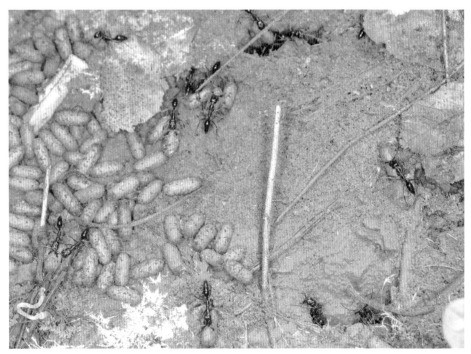

▲ 山大齿猛蚁的工蚁，正在抢运茧子回去（冉浩 摄）

▲ 我们采集到的蚂蚁，里面那两只淡黄色的有翅蚁是它们的雄蚁（冉浩 摄）

面看到的蚂蚁却不多，果然，还是猛蚁的风格。

继续向前，在林间阳光照到的地方，我瞄上了一块大石头，石头旁边堆着土，这里很可能有一窝蚂蚁。不过采集小分队正忙着给一窝大头蚁拍照，所以，我得等他们过来。

当所有的人都准备好以后。我们掀开了这块石头。在石头下面，有很多山大齿猛蚁! 这些山大齿猛蚁的工蚁正守卫着大批的茧子。它们的反应相当迅速，开始飞快地向地下巢穴搬运茧子和雄蚁。是的，我们在这里看到了有翅的雄蚁，那是一些黄色的家伙，体型比工蚁要小，有翅膀。不过，李钰的手持吸尘器比工蚁的搬运速度要更快一些，所以，我们采集了不少工蚁和茧子，装在了小小的塑料盒里。

回到实验室，我们对这次采集的标本进行整理，也顺便观察一下它们的行为。在小盒子里，精力旺盛的山大齿猛蚁们还在"跳跃"。这种跳法，比较特别。它们的上颚是非常强大的武器，"L"形的上颚可以张开成180°，然后，猛然扣合，形成很强的冲击力。当上颚扣合在硬物上的时候，足以将它们自身弹出几厘米。这是它们逃命的方法之一。不过这种弹跳是向后的，并不能控制落点，姿态也不好控制，所以它们有时候是背着地的。而产生这一行为的生理基础则在于其口内一块类似门闩的结构，张口时，蚂蚁使它的上颚分开，然后利用"门闩"将其撑住。而在咬合的瞬间，这根"门闩"会移到旁边，下颚便在肌肉的拉动下，"砰"地合上。这样门闩样的外骨骼在该属蚂蚁中应该普遍存在，即使在山大齿猛蚁上也存在。在做标本整形的时候，我将酒精处死的山大齿猛蚁的上颚向两侧推，大约到完全张开的时候，可以明显地感觉到上颚卡在了一个特殊的结构上，即使松开手，这个张开上颚的姿势也不会改变了。

▲ 山大齿猛蚁的工蚁，它的上颚非常显眼（刘彦鸣 摄）

▲ 山大齿猛蚁的有翅雌蚁（刘彦鸣 摄）

鲍氏大齿猛蚁(*Odontomachus bauri*)甚至把这种逃命技巧发挥到了极致,这些大齿猛蚁上颚的力度更大,根据施尔拉·派德克(Sheila Patek)等人的观察,鲍氏大齿猛蚁关闭上颚的速度可以达到每秒64米,单次的攻击时间只需0.13毫秒,比眨眼快2300倍。它们上颚闭合的速度可以达到10万倍重力,相当于每个上颚产生自身体重300倍的力度。其结果,鲍氏大齿猛蚁向后的弹射可达到39.6厘米,足以躲过快速飞来的蜥蜴舌头。另一种"逃命跳跃"是向上弹射,能够将蚂蚁弹起8.3厘米高并落在几厘米远的地方。我想,当许多只蚂蚁在连续不断的"喀嚓"声中轰然跳起,一定会让掠食者感到困惑。

然而,这种上颚最正确的打开方式,应该是捕猎。这样的颚结构,可以称为"陷阱颚",这种颚部结构就如同机关陷阱一样被使用。大齿猛蚁的视力尚可,借助眼睛和敏锐嗅觉的帮助,大齿猛蚁可以锁定猎物,并缓慢地靠近它们,张开上颚。接下来,大齿猛蚁猛地向前,上颚基部伸出的灵敏感觉毛,大量的神经元枕戈待旦,当感觉毛接触目标的一刹那神经兴奋到达大脑并传达至上颚肌肉,咔嚓!下一个0.1毫秒,攻击结束!只要让大齿猛蚁能充分接近猎物,则弹无虚发。即使是能力稍弱的山大齿猛蚁,我也曾观察到它们直接潜进、击杀苍蝇,只要能接近,猎物毫无逃跑可能,一击毙命。

▲ 山大齿猛蚁的巡逻小队(冉浩 摄)

执镰刀的跳蚁

我小心地从离心管里倒出一只干燥的蚂蚁尸体，你也可以管它叫标本。这只蚂蚁的上颚非常特殊，每个上颚都像一根弯曲的纤细金属丝，泛出了古铜一般的光泽。它的复眼很大，显然有比山大齿猛蚁更好的视力。它的上颚，同样是一种陷阱颚。这类蚂蚁叫作镰猛蚁（*Harpegnathos*），"镰"字来自它们像镰刀一般的上颚。不过说实在的，我觉得它更像镊子一样，适合夹住猎物。

在中国，最常见的镰猛蚁是猎镰猛蚁（*Harpegnathos venator*）。说它常见，只是相对而言。这种蚂蚁主要分布在热带和亚热带地区，如果运气好，你也许会发现它们聚群的地方，如果运气不好，你可能根本找不到它们。

也许在广东，会更容易找到它们。我的广东好友刘彦鸣第一次与它们遭遇是在树林边，他一眼就瞅见了这古怪的大蚂蚁。于是他凑近观察，这只大蚁足足有15毫米长，身体瘦长，头部长着镊子一样的上颚和一双大黑眼，头部特征有些近似澳洲特有的犬蚁。这是一只工蚁，它并不是像一般的蚂蚁探着触角走动，而是每走几步就停下来，似乎利用眼睛观察地面前方的情况。很快它就察觉到刘彦鸣的出现，马上静止不动，有了戒备的样子，当刘彦鸣再靠近时，它便转身头向着他，并用巨大的眼睛死盯着他。刘彦鸣伸手尝试捉住这工蚁的时候，它突然做出惊人的动作，连续跳跃后消失在草丛里了。与山大齿猛蚁用嘴跳跃不同，猎镰猛蚁是真的用腿在跳跃。这第一次的遭遇可谓非常短暂，但是有了第一次，接下来就好办多了。

不久，在有意无意地搜索下，他们再次相遇。当时，刘彦鸣和两位昆虫爱好者朋友在山间小道搜索，无意间发现一只身体奇怪的修长蚂蚁背着一条大虫蹒跚地走着，这只工蚁用上颚举起一只比自己粗壮的成年的蟋蟀，蟋蟀还带有少许挣扎，但是并没有影响工蚁把它搬进巢穴。这一次，刘彦鸣学乖了，他一直远远跟踪它，最终发现了它的巢穴——原来巢穴就在路旁一个大石头边。刘彦鸣这次打算不惊动它们，慢慢靠近观察：这个蚁洞外面有很多新挖出来的泥土，洞口比较宽大。有着镊子一样上颚的工蚁再次出现在刘彦鸣眼前，不时有工蚁钳着小团东西往巢外搬。没错，它们就是上次遇上的长相奇特的蚂蚁——猎镰猛蚁。

刘彦鸣细细观察发现，被工蚁搬出来的是一些类似蜘蛛残骸的东西，工蚁把一个个圆形的残骸往巢外远处堆放。估计这些就是它们吃剩的废物，就在这个时候，另外一只工蚁用上颚举着一只蜘蛛回巢——它们的捕猎能力很强。狼蛛是大部分蚂蚁的天敌，会利用蚂蚁视力弱的缺点，挑选一些单独无助的蚂蚁下手。但猎镰猛蚁视力非常好，它们具备一双大的眼睛，双眼视力能集中在前方，配备一对长长的上颚，还有爆发力强的六肢，这样组合成一个高效捕猎机器，捕食与被捕食的关系顷刻发生了倒转。

▲ 猎镰猛蚁攻击猎物（林杨 摄）

▲ 猎镰猛蚁搬运卵和幼虫（林杨 摄）

▲ 猎镰猛蚁在野外的蚁巢（林杨 摄）

▲ 猎镰猛蚁人工饲养巢（林杨 摄）

他突然想起做个试验，随手在草丛里找了一只小蟑螂，放到其中一只猎镰猛蚁旁边，蚂蚁很快被正在移动的蟑螂吸引过去，蟑螂四处逃窜，终于躲到小石头底下的空隙里。这只猎镰猛蚁马上跟上，在靠近时它每走几步就停下来，确定蟑螂的位置。当猎镰猛蚁离蟑螂只有大约1厘米近时，它调校了一下位置，上颚张开至大约30°，对准蟑螂，突然扑上去，瞬间便把蟑螂钳住。蟑螂痛苦地挣扎，猎镰猛蚁随即伸出尾针弯起腹部向蟑螂蜇了几下，蟑螂渐渐失去知觉。整个过程完成得干净利落，如同鹭鸟在水边捕鱼。

猎镰猛蚁善于跳跃，除了逃避天敌，有时候也是为了突袭猎物，如同一潜猎的猫科动物。这方面猎镰猛蚁同澳洲的犬蚁有几分相似，但没有犬蚁强壮、凶狠。不过，我们最感兴趣的，是镰猛蚁们的繁殖模式，它们的工蚁在蚁后死亡后可以转化为生殖阶层，这些生殖工蚁甚至能够产生新的有翅生殖蚁。国外的几个团队已经对舞镰猛蚁（*Harpegnathos saltator*）进行了细致的研究。我们实验室也很想饲养一些猎镰猛蚁，看看能不能进行一些研究。不过，奈何这些蚂蚁的饲养条件相对苛刻，加上实验室的空间限制，以及实验员工作繁忙，大规模饲养，还要等上一段时间。

又是一种奇怪的嘴巴

2016年，正在中国科学院动物研究所读研究生的满沛找到我，请我帮忙看看他在北京采集到的蚂蚁。满沛是张润志研究员的学生，当时正在进行北京地区土壤蚂蚁的调查研究。在他拍摄的这差不多20种蚂蚁里，我们挑挑拣拣，还真有了发现。

在这些蚂蚁里，有几只原细蚁属（*Protanilla*）。老实说，当时真是挺惊讶的。原细蚁属于细蚁亚科，是现生多数蚂蚁的姊妹类群，也就是说，它们相当古老，并且与多数蚂蚁不同。关于细蚁亚科蚂蚁的生存状态，目前所知不多。细蚁在中文名称上极容易和猛蚁类群中的"细猛蚁属（*Leptogenys*）"混淆，有趣的是，后者也是具有行军特性的蚂蚁，而且还是非常特别的一类。威尔逊曾经自嘲"没有见过一只活的细蚁"，他甚至调侃起了亦师亦友的蚁学家布朗唯一的一次活体遭遇，他"凝神观察了一会才发现，他看到的（微型昆虫）是蚂蚁，又过了一会儿，他才意识到它们是细蚁"。

彭刚强曾经在湖南帮我采过一窝细蚁，我们一度认为它是台湾细蚁。但是，现在看来，这个结论还存在疑点——它有一定的可能是一个细蚁新种。当时，是我第一次见到这种蚂蚁，这些黄色的蚂蚁像针尖一样大小。我把这些蚂蚁小心地分成了两份，一份只有工蚁，给了师弟陈志林做分子生物学实验并拍照；另一份寄到了昆明动物研究所，希望饲养起来。不过，最后的结果是，除了获得标本照，其他的目标都没有达成。后来，我又从四川的青城山弄来了一窝细蚁，再次饲养失败。看来，这种蚂蚁还是不太好养的。

根据国外同行在日本细蚁（*Leptanilla japonica*）上的研究，细蚁居然也是小小的行军蚁。日本细蚁的巢穴大约只有100只蚂蚁，但它们确实是行军蚁般的猎手，而且它们的对手是比自己大不少的蜈蚣，它们似乎只钟爱这些可怕的家伙，这恐怕才是这种蚂蚁如此少见的主要原因。日本细蚁还有着类似于行军蚁的迁徙周期，工蚁们携带着幼虫从一个捕食点搬迁到另一个捕食点，饥肠辘辘地寻找蜈蚣。幼虫们吃着蜈蚣快速生长，在迁徙过程中蚁后身材苗条，也不产卵。当幼虫长大时，蚁后表现出了吸血鬼一般的行为，它挤压幼虫身体的一个特殊器官，从中获取幼虫的体液作为营养，同时腹部开始膨大，准备产卵了。这时群体进入了稳定状态，不再迁移，蚁后产卵，幼虫化蛹，食物的需求量减少，群体也不再外出寻找蜈蚣。当卵再次孵化成幼虫后，群体也补充了新的工蚁，接着进入下一个周期。如果台湾细蚁也像它的亲戚那样，掠食蜈蚣，我们用培养基养不活，也算正常。

通常，我们认为，在我国，细蚁应该分布在南方省份，但是，这一次，满沛在北京也采集到了台湾细蚁。之所以出现这样的结果，

▲ 细蚁工蚁标本侧面观（陈志林 摄）

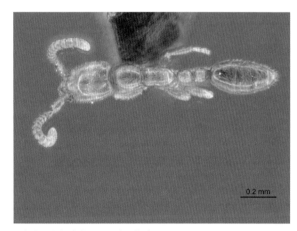

▲ 细蚁工蚁标本背面观（陈志林 摄）

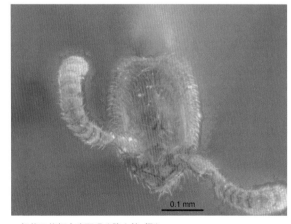

▲ 细蚁工蚁标本头面观（陈志林 摄）

是因为在北京的采集方式和以往不同。北京动物研究所设计了一套深埋在地下的陷阱装置，可以对地下昆虫进行采集，我们正是在这个前提下采到了细蚁亚科的蚂蚁。从台湾到北京，台湾细蚁的分布，比我们想象的要广泛得多，而在气候相对凉爽的北京，它们可能主要活动于土壤下层，这才是之前我们没有发现它们的原因。后来，我和《中国蚂蚁》的作者之一王长禄教授聊天的时候，王老师告诉我，进行蚂蚁物种调查，还是陷阱法更靠谱一些。

而之前的那个原细蚁，到现在，我也不很清楚它们是怎样生活的。尽管我们捕获了工蚁和蚁后，但掉进陷阱里的蚂蚁会被淹死，我们拿到手的是死蚂蚁。你可能无法想象，尽管定名了一个新物种，但是到目前为止，我们还没有见过它的活体呢！其实，这在生物分类上是挺常见的事情。不过，原细蚁的生活应该也很特别，因为它们的嘴巴很特别——上颚上面布满了钉状的尖齿，应该也有特殊的功用，很可能是一种陷阱颚吧！

我把样本拿给西南林业大学的徐正会教授看，作为老一辈的蚁学家，徐老师对原细蚁属相当了解，并且对中国的原细蚁进行过分类整理。徐老师很快告诉我，这应该是一个新物种，建议我们尽快发表。

于是，我和满沛开始起草论文。这种原细蚁该叫什么名字呢？我当时其实没有太想好。不过在论文的草稿里总不能空着吧，于是，我就随手写下了"*Protanilla beijingensis*"。"beijing"是祖国的首都，也是原细蚁新种的发现地，"ensis"是地名后缀，所以"*Protanilla beijingensis*"的意思就是北京原细蚁。用发现地名给物种命名是定名新种的习俗之一，另一个习俗则是用蚂蚁的某种特征来命名。我其实当时有点想用物种特征来命名，但是一直没想好该怎么说……不过，大家对北京原细蚁这个名字也没有提出异议，于是，干脆就这样了。后来想想，能用首都的名字给蚂蚁命名，也是挺值得骄傲的一件事情。最后，这篇论文由满沛、我、陈志林还有徐老师共同署名，发表于 *Asian Myrmecology*（《亚洲蚁学》）。新种的模式标本分成了三份，分别保存在中国科学院动物研究所、广西师范大学和西南林业大学。

▲ 北京原细蚁工蚁模式标本头面观，请注意看它上颚上尖锐的齿（陈志林 摄）

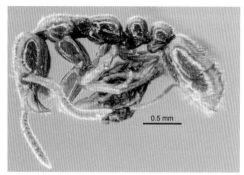

▲ 北京原细蚁工蚁模式标本侧面观（陈志林 摄）

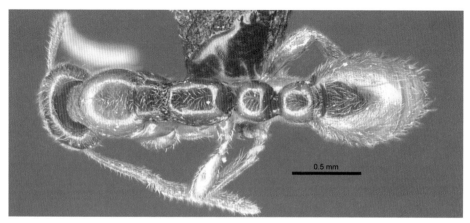

▲ 北京原细蚁工蚁模式标本背面观（陈志林 摄）

▲ 北京原细蚁蚁后标本头面观（陈志林 摄）

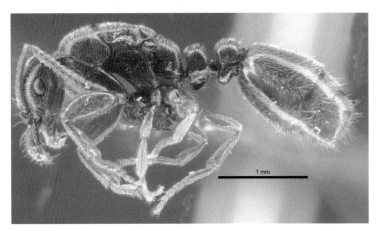

▲ 北京原细蚁蚁后标本侧面观（陈志林 摄）

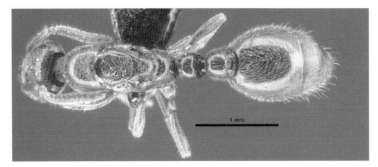

▲ 北京原细蚁蚁后标本背面观（陈志林 摄）

第 六 章

有蚁后，多蚁后，没蚁后

不能没有后

在我的蚂蚁房里有很多瓶瓶罐罐，里面养着我到处搜集来的蚂蚁。但是，并不是每个巢穴里面都有蚁后，有些只是工蚁而已。虽然我已经饲养和观察蚂蚁很多年了，但并不意味着我每次都能找到蚁后。特别是在外考察时间比较紧张的时候，那时我只能采集回一些工蚁罢了。事实上，一次考察，能够收集到的蚁后数量是很有限的，除非我能遇到刚刚完成的某次大规模婚飞。

以我的经验来讲，没有蚁后的工蚁们往往比较不容易饲养，进食不积极，死得往往很快。它们给人的感觉，就像一帮没了主心骨的家伙。同样的饲养条件，有蚁后的群体往往状态更好一些。这充分说明了蚁后在一个群体中的核心作用。

蚁后是群体的生殖阶层，也是群体所有个体的母亲。尽管从科学的角度上来说，工蚁也算雌性，但是在多数蚂蚁物种中，工蚁的卵巢几乎不发育，是"中性"的。通俗地说，工蚁其实就是"发育不良"的雌蚁，它们的生殖能力被压制了。

根据"发育不良"的情况，工蚁可以分成无数的等级，而有些蚂蚁则据说有几十个类型，每一个类型我们都称它为一个"亚型"，台湾地区的蚁学家则干脆拟人化地称之为"亚阶级"。不同的工蚁因身体构造的差异被分配了不同的工作。工蚁中的强者，或者说处于支配地位的是大工蚁（或兵蚁）。这类蚂蚁体型最接近生殖雌蚁，拥有王国中最强壮的身体和上颚，可以将大块的食物撕碎，也可以在战场上轻易地将敌人的头颅切下来。但是，有些种类的兵蚁在构造上一味追求力量，发达的上颚阻碍了它们进食，这个时候普通工蚁就承担了为兵蚁喂食的角色。

当然，在巢穴中，首先要喂饱的是蚁后，这也是被工蚁们重点关照的对象。工蚁们会围绕在蚁后的周围，为它清洁身体，保障它的健康。通常，在饲养不当的巢穴中，首先出现死亡的是工蚁，最后才是蚁后，这一方面源自蚁后具有更强的生命力，另一方面也源自工蚁对蚁后的优先保障。而让工蚁做出这些行为的，则是蚁后身上所释放出的气味，更科学一点的说法，信息素。蚁后所释放出的信息素挥发到空气中，具有召集作用，即使蚁后死亡，依然在一定时间内有效——我们在野外采集的时候，曾经不小心踩死了一只细足捷蚁的蚁后，即使已经被踩扁，它的周围，依然围绕一圈工蚁。

但是，这并不意味着蚁后可以在巢穴中发号施令，命令工蚁去做这做那，电影《蚁人》中的那些场景在现实中是不存在的。因为，蚂蚁社会的组织方式与我们人类不同，它们的社会是自组织的。你可以这样理解，在蚂蚁的基因组里，被写入了一系列"程序"，工蚁们会按照"程序"做事，不会做多余的事情。环境的变化会激发工蚁的某个"程序"，从而改变它们的活动。由于工蚁们具有相同的"程序"，因此，在相同的条件下，它们往往会做出相同的反应，这个时候，个体的行为就会以群体行为的方式表现出来。尽管有时候这个群体的行为看起来非常有序，那并非是因为存在发号施令者，只是所有的个体都在这样做罢了。这听起来似乎整个群体就是一帮被本能支配的机器一般，事实上，这相当接近真相。尽管单个蚂蚁确实也具有一定的学习能力，但你不能指望蚂蚁那盐粒般大小的脑子能有多丰富的思维，对它们而言，设定好的本能比思维更能适应环境的变化。因此，事实上，蚂蚁群体不存在某个决策者，蚁后也不是，它只是体型更大，具有生殖能力，并且被群体重点保护罢了。

一个还是多个

很多情况下，群体只有一个蚁后，比如工匠收获蚁。虽然工匠收获蚁的蚁后们在建立巢穴的初期可以被装进同一个试管巢里，但是它们骨子里是不接受第二个蚁后的，当工蚁出现以后，它们将最终赶走或杀死居于劣势的蚁后。事实上，这种杀戮早就开始了。当我把4只工匠收获蚁的蚁后放在工蚁试管巢的时候，其中一只被杀死，并且腹部被吃掉了。我确信它是被其他蚁后单独或者联合干掉的，因为我记录这个试管巢的时候，那只雌蚁仍然在挣扎，它的腹部已经被从结节处咬下，被吃得只剩下空壳，而躯干部分看起来很健康。这只被杀死的蚁后最终会被转化成哺育幼虫的营养。

但是，在另一些物种中，多蚁后却可以在同一个巢穴中共存。比如，法老（小家）蚁（*Monomorium pharaonis*），我们对它相当了解，在我们课题组的人工气候室里，有几百窝法老蚁被用作实验材料。这是一种相当臭名昭著的蚂蚁，是由生物命名规则的创始人林奈（Linnaeus）在1758年亲自给出的，中文名叫黄小家蚁，属于小家蚁属（*Monomorium*）。法老蚁只有2毫米左右长，在常见的蚂蚁中属于最小的那一类。这小小的体型使它们非常容易隐藏在人们的行李、衣服或者货物中到处迁徙。

据说法老蚁和古埃及的一场大瘟疫有关，但这多半不是事实。不过，如果把这个说法拆开来看，倒是有几分道理。因为这种蚂蚁确实最可能起源于热带非洲，也许就是埃及地区，而它的主要危害也确实集中在了疫病的传染上，但这并不意味着它就一定能和法老时期的瘟疫扯上关系。你几乎可能在户外的任何地点找到它们，包括病菌极多的垃圾堆里。它们不懂得各种"卫生标准"，经常从非常肮脏的地方照直爬到饭桌上，或者在医院里从一个病人的床上爬到另一个病人的床上……这些小东西的食性非常杂，它们可能在刚刚享用了地上的垃圾堆，或者是病人化脓或腐烂组织以后就爬上去享用你的午餐。现在，这种小蚂蚁已经伴随着人类的旅行和贸易分布到了除南极大陆以外的所有大陆，几乎在任何大中城市里都能找到它们，中国也不例外。在我国，法老蚁主要分布于长江以南，但记录显示，在我国的西藏地区都已经发现了这些蚂蚁的踪迹，近年来，我们的调查显示它在东北、华北地区也有分布。

这些小家伙拥有极快的代谢速度和繁殖能力，在条件适宜的情况下，从卵到工蚁成虫，整个发育过程只有30多天，如果形成生殖蚁的话，也只要多花上4天左右的时间。

当然，它们的寿命也比多数蚂蚁要短。工蚁的寿命大概有9~10周，蚁后则大约有12个月。与单蚁后的巢穴蚁后死亡就意味着群体的衰落不同，法老蚁有很多蚁后，多达数百个或者更多。　两只蚁后的死亡对群体几乎没有影响，而更强大的是，法老蚁的新生雌蚁和雄蚁能够在巢穴内完成交配，而不必婚飞。这意味着，哪怕这个世界上只幸存一窝法老蚁，它们也能够自我繁殖，并且很快形成一个巨大的种群。这就是说，只要没有被完全消灭，群体几乎是无限长寿的——哪怕连一只蚁后都没有了，只要还有卵有工蚁，卵中照样有可能产生生殖蚁，然后，经过交配，再次恢复群体的活力。它们会在几年之内恢复到全盛状态，形成工蚁数量多达30万只的大型巢穴。

因此，你可以想象，法老蚁会是多么难缠的对手，至少，你要想彻底把它们从家里请出去，会是多么不容易！也正是因为如此，我们的实验室对法老蚁采取了非常严密的防护措施，防止它们逃逸：用来饲养法老蚁的架子外面用带拉链的防护纱网包裹，而里面的每一个饲养盒都用滑石粉或者特氟龙做了防逃涂层；为了进一步安全，

▲ 聚集在一起的法老蚁蚁后（李钰 摄）

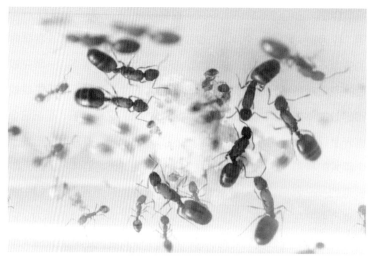

▲ 隔着饲养试管拍摄的法老蚁的巢穴（李钰 摄）

我们在架子下面放置了托盘，里面装上了机油，以便把万一越狱的法老蚁解决在这里。

没有也不是不行

我拧开白色小瓶子的瓶盖，然后，一下子，一群小小的蚂蚁便涌了出来。它们迅速爬满瓶盖和瓶口，四处游走。这些小蚂蚁，就是大名鼎鼎的二针蚁（*Pristomyrmex punctatus*），更规范的叫法是刻纹棱胸切叶蚁。这种蚂蚁广泛地分布在我国从南到北的广大地域，向外一直延伸至朝鲜、日本以及东南亚地区，甚至入侵到了美国。它们的个子不大，大概不到3毫米，背上有两根完全向后的尖刺，非常显眼。它们能形成很长的行军队列，是非常强大的蚂蚁物种。

对多数蚂蚁物种来说，蚁后都是必须存在的，但刻纹棱胸切叶蚁是个例外。如果有机会相遇，你可以随便采集一些，带回家饲养起来，而不用担心它们因为没有蚁后而丧失繁殖能力（当然，最好超过100只，数量太少，群体容易衰亡）。因为在刻纹棱胸切叶蚁的社会里，就不存在蚁后，它们的工蚁分成大小两型。小型工蚁数量最多，可以不经过交配就直接产卵，孵出工蚁。这种现象被称为孤雌生殖。而这在整个蚂蚁类群里是相当不得了的事情。要说这事，得从蚂蚁的性别问题上说起。蚂蚁的性别决定与人不同，它们的受精卵发育成雌性，而没有受精的卵子则发育成雄性。或者说，蚂蚁是靠染色体数量来决定性别的，而不像我们人类那样依靠 XY 这样的性染色体来决定性别。以刻纹棱胸切叶蚁来说，所有的工蚁，也就是雌性，是24条染色体，而雄蚁则只有雌性的一半，有12条染色体。

对通常的蚂蚁物种来说，没有受精的雌性只能产下没有受精的卵子，24条染色体的雌性只能产下12条染色体的雄性，要让它产生24条染色体的同性则必须经过受精，否则就不能实现。事实上，我们也曾经尝试让各种未受精的雌蚁产下后代，期待能够孵化出雄蚁，但成功的例子极为有限，以至于我现在倾向于放弃这个想法……

然而，刻纹棱胸切叶蚁却突破了这个枷锁。可以说，这是一种完全复制自身的克隆技术。与此同时，刻纹棱胸切叶蚁中还存在一型较大的工蚁，看起来几乎比小型工蚁大了一圈，并且具有单眼。这些较大型的工蚁数量很少，但它们具有发育不完全的受精囊，可以与雄蚁交配。一旦与雄蚁交配，较大型的工蚁也就可以进行有性生殖，产下新的工蚁或者雄蚁。相比小型工蚁而言，较大型的工蚁会产下更多的卵，而且似乎对群体活动也比较冷淡，总体上看，对群体的贡献度不高，甚至有点混吃混喝的嫌疑。

另一种与二针蚁有点类似的是毕氏卵角蚁（*Ooceraea biroi*），它和刻纹棱胸切叶蚁的亲缘关系很远，属于行军蚁类，同样没有蚁后，可以孤雌生殖产生工蚁。这说明这种孤雌生殖的模式在演化上并非独立起源，而是发生了多次。对于这种蚂蚁，国捷更熟悉一些，他曾经参与过相关的研究，并且合作发表了一篇不错的论文，揭示了其中的奥秘。毕氏卵角蚁与行军蚁一样具有繁殖和捕食交替的活动周期，但是与其他行军蚁不同的是，这个群体中没有蚁后，工蚁具有繁殖能力，并且依靠一种被称为中部融合自体受精的无性生殖方式来进行繁衍，说得通俗点，就是自己的生殖细胞彼此能够结合，产下后代。

一般来说，通过这种交配方式产生的后代，在基因上的纯合度会越来越高，因此，会逐渐丧失一部分基因。就像杂种狗，如果经过纯化，人工培育成某个纯种狗品系，必然要失去某些"非纯种"的基因。就进化来讲，基因的丧失并不是好事情，这意味着遗传资源的减少，结果就是对环境变化抵御能力的降低。一个直观的例子就是，纯种的动物群体极容易被某种传染病所摧毁。

但事实是，毕氏卵角蚁并没有出现这种情况，它们杂合度的丧失速度非常慢。这就有意思了，这其中必然存在着某种调节机制来延缓这一过程。对此，相当值得进一步探索。

更有趣的还在后面，由于这种蚂蚁能够集体切换模式：它们在繁殖阶段产卵，相当于是繁殖蚁，然后，转入捕猎和保育的阶段，四处搜罗猎物并哺育幼虫，又充当起了工蚁……这意味着，背后的基因调节相当有趣，能够周期性地使它们从一种角色跳转到另一种角色。

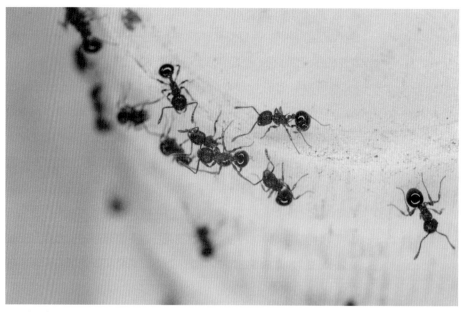

▲ 爬满瓶盖的刻纹棱胸切叶蚁，它们的背部有两根非常尖锐的刺（冉浩 摄）

逆袭的工蚁

在蚂蚁巢穴里，我看到一个非常大的幼虫，我知道，这应该是一个生殖蚁的幼虫，工蚁的幼虫不会有这么大。通常，蚂蚁社会里的阶层从出生就被固定下来了，特定的幼虫将发育成雌蚁，而另一些则会发育成工蚁。

然而，事情并不绝对，一些工蚁也有可能成为生殖阶层。这种案例在多个蚂蚁类群中都存在，而且很可能独立起源。比如澳二刺蚁（*Diacamma australe*）。这种蚂蚁属于猛蚁类，是相对原始的类群。它们没有蚁后品级，但是在工蚁的背上具有残存的翅膀痕迹。而这些残存的翅膀痕迹在这个类群中成了上位者的标志。那些优势工蚁咬去劣势工蚁的翅残基，使它们沦为单纯的劳工。而优势的工蚁在和雄蚁交配以后，则成为群体的生殖阶层——几乎实质意义上的蚁后。

关于工蚁向生殖阶层转化的蚂蚁中，最近这段时间，受到关注比较多的是印度跳蚁，正式的中文名应该叫舞镰猛蚁。舞镰猛蚁的群体要经历三个阶段，初期的群体由一个蚁后和少数不育的工蚁组成；中期虽然还有蚁后，但是已经出现了已交配或者未交配的工蚁；到了后期，则形成了一个约300只甚至更多成年蚁的群体，但是已经没有了蚁后，完全由工蚁组成。

在这种舞镰猛蚁的社群中分化出了三个阶层，最高一层是统治者，也就是生殖阶层，它们都具有完全发育的卵巢，并且全部都产卵；中间阶层是未受精的相对弱势阶层，其中一些最终会进阶，并在那时与雄蚁完成受精；其余的则属于最低的阶层，它们承担巢穴的日常事务，包括育幼和觅食等，那些在高阶层被击败的蚂蚁也会堕入这个阶层。

工蚁之间通过复杂的斗争方式来确定地位，一种方式用于稳固同阶之类的关系，另一种则是挑战式较量。在第一种方式中，工蚁们挥舞着鞭子一样的触角互相抽打，先是第一只蚂蚁逼迫第二只蚂蚁后退，之后翻转过来，第二只蚂蚁迫使第一只蚂蚁后退，之后往复，大约经过20多次这样的往复后，两只蚂蚁彼此分开，没有明显的胜利者。而在挑战方式中，低阶工蚁会挑战高阶工蚁，挥舞着触角向对方逼近。被威胁的工蚁可能不会回应，如果回应的话，要么演变成一场申明平等的仪式，要么就会出现一次竭尽全力的交锋——用上颚夹住对方，并将其猛地掀翻在地……

现在，蚁学家们正在通过基因编辑技术来干预舞镰猛蚁的这种逆袭行为，一系列的成果在近期的 *Cell*（《细胞》）杂志上发表。第一组研究是针对 orco 基因的敲除，实验对象是毕氏卵角蚁和舞镰猛蚁。orco 基因是一个对蚂蚁嗅觉至关重要的基因，几乎所有的气味受体都需要借助这个基因来发挥作用。说得直白一点，那就是，一旦这个基因丧失功能，蚂蚁将丧失绝大部分的嗅觉感知能力。这对主要靠气味来传递信息的动物类群来说，将造成极大的冲击。事实也是如此。被敲除了 orco 基因的蚂蚁不再关心群体，它们变得我行我素，离群生活，群体因此面临解体。当然，也再不会有为了谁来当生殖阶层的争斗了。而另一组研究则使用了一种名为"黑化诱导神经肽"的神经肽，这是一种类似于脊椎动物中的促性腺激素释放激素的神经肽类，后者可以影响到脊椎动物的繁殖行为。当黑化诱导神经肽被注射到舞镰猛蚁体内以后，舞镰猛蚁外出觅食的活动加强，而减少了与同伴争夺生殖权的活动。这意味着，很可能这种激素在蚂蚁生殖权的决定上，具有举足轻重的作用。

第七章

红的，黄的，到处
都是外来的

想要的蚂蚁不好找了

广州龙洞。我蹲下身子，细细地寻找，我为细足捷蚁而来。细足捷蚁是一种黄褐色的中型蚂蚁，是一种从非洲入侵到我国的蚂蚁。它们随着人类的活动，入侵到了世界上的很多地方，它们自西向东点亮了无数地图点，当然，也包括我国。这些活跃度很高的蚂蚁是狂热的狩猎者，这些家伙在我国也着实嚣张了一阵子。不过，现在局面有所改变，它们变得不那么容易找到了。当然不是因为我们击败了它们，而是因为来了更凶悍的家伙。

在我的脚下，一种红色小蚂蚁正在爬动。这是一个小小的巢穴，只有两三个巢口通往地面。蚂蚁看起来也挺普通的，洞穴周围有10来只，爬得也是慢悠悠的，和寻常见到的普通铺道蚁挺像。我凝神盯了一小会，才确定它们是红火蚁（Solenopsis invicta）。然而，这都是表象。这窝红火蚁的巢穴还不够大。

2004年的时候，我国华南地区首先报道了红火蚁入侵。那个时候，红火蚁的名气就已经很大了，这是一种号称具有很强攻击性的危险蚂蚁。这些火红色的小蚂蚁体长3~6毫米，工蚁有大中小三型，较为亮丽的红色外观使它们极易与其他蚂蚁区分开。它的原产地在南美洲，自大约90年前通过货轮被带到美国之后，一路向北推进，轻易击败美国人，成了美国南部人们野餐时最不欢迎的访客。红火蚁已经攻克了美国一万多亿平方米的土地，美国人尝试了从化学武器到对着蚂蚁喷沸水等各种手段，但它们依然在美国的大地上持续向前推进。正因为如此，红火蚁在美国人民中威名赫赫，被列为世界上最具危险性的100种入侵有害生物之一，引起了国际上极大的关注和高度防范。

但是，我最开始接触的红火蚁却不温不火。朋友用塑料杯连土带蚂蚁，给我装来了满满两杯红火蚁。我把这些蚂蚁倒出来，有些发红色的土壤里就爬出了一只只蚂蚁。大大小小的工蚁，还有蚁后。这些蚂蚁扬起触角，开始探索新世界，然后，它们中的一些自发形成队列游走了起来，怎么看都不是很凶悍的样子。还是那句话，像是一群铺道蚁的样子，尽管它们的毒针确实比较厉害。

我的日子就这样过着，平平淡淡。但红火蚁显然不是，它们在微观世界里攻城略地，广东、广西、福建、湖南、海南、云南、四川等地陆续出现了它们的身影。在中国大地上，它们在迅速地扩张。虽然，国内的防治工作从来没有停过，但是，它们依然在这场没有硝烟的战争中节节胜利，一如它们在美国取得的胜利那样。

而它们在中国扩张的一个重要结果就是，其他蚂蚁的生存受到了严重的影响。如我在前面所说，红火蚁在一点一点压缩其他蚂蚁的生存资源，最终，将它们排挤出去。以蜜露来说，长期以来，蜜露都是本土蚂蚁的生存资源，前文我也曾介绍过获取蜜露的双齿多刺蚁和亮毛蚁。这些蜜露对某些蚂蚁物种来讲至关重要。但是，红火蚁对蜜露的收集量远远大于各种本土蚂蚁。虽然红火蚁召集同伴的时间显著长于一些本土蚂蚁，最初的战斗阶段会不如本土蚂蚁，但随着红火蚁数量的增加，本土蚂蚁逐渐被驱逐。直到最后，本土蚂蚁被排挤出对蜜露资源的竞争，它们与排蜜昆虫的互惠关系也因此被切断。

▲ 红火蚁的队列（刘彦鸣 摄）

强大的毒液

作为一个主要活动在北方的人，我对红火蚁的关注度并不非常高。这些事情就交给那些南方的同行去做好了。虽然之前已经有不少南方的朋友，以及从南方回来的朋友和我说红火蚁如何如何普遍，我并不十分在意。

2015年，我的爱人到广东云浮，我在河北保定。她说："我从广东给你带点什么东西回去呀？"我说："你不用带什么东西了，你帮我看看周围的蚂蚁吧，采一点标本回来。"她随后就上山了。

从山上回来以后，她就微信告诉我，被蚂蚁咬了一下，挺疼。我的心里就稍稍地紧了一下，会不会遇到了红火蚁？通过发回的图片来看，她挖的这个巢穴真是红火蚁的蚁丘……不过几乎已经没有蚂蚁活动了。我非常庆幸，这可能是一个废弃的，或者是被工作人员用灭蚁药灭过的一个巢穴。否则，我的爱人如果挖巢的话，她可能就会遇到大麻烦。

▲ 红火蚁在草地上堆起的蚁丘（冉浩 摄）

▲ 与其他蚂蚁不同，红火蚁的巢穴内部是蜂窝状的（冉浩 摄）

一个真正活跃的红火蚁巢穴是什么样子呢？2016年，我去桂林，师弟陈志林博士陪我去七星岩景区，这个景区有非常著名的骆驼峰。这里还有野生的猕猴，据说是从动物园逃逸出来的，然后形成了自然种群。在景区里，我们遇到了一个花盆，上面隆起了小小的蚁丘。志林跟我说，师兄，这里有一窝蚂蚁，应该是红火蚁。他就大大咧咧地一脚踩了上去，然后，非常适时地把脚移开了。在我们的眼皮底下，几十秒内，可以看到那些红色的小蚂蚁像小溪流一样从这个巢穴里面涌出来，很快就布满了整个巢穴的表面。它们非常亢奋，到处游走，寻找着给它们造成扰动的敌人。这个状态可比之前我提到的那一小群红火蚁活跃多了。蚂蚁这种动物，它的脾气和攻击性直接和巢穴里同伴的数量正相关。

　　这个场景和被惊扰的北京凹头蚁非常相似，当然，红火蚁的蚁丘更小，蚂蚁也小得多。但是，这并不意味着它们没有威力，甚至，它们对人的威胁远远大于北京凹头蚁。至少我可没胆量像对待北京凹头蚁那样站在一大群红火蚁中间，我可能会被咬得非常惨。我甚至连让一只红火蚁在我身上爬的勇气都不太有。因为它们蜇人时，真的很疼。

　　红火蚁的工蚁在进行攻击时，会先用口器咬住对方，同时利用它锋利的螯针进行蜇刺并注射毒液。红火蚁的毒液中含有一种叫生物碱的毒素，是引起疼痛、诱发脓包的主要物质。此外，红火蚁毒液中还包含水溶性蛋白质、多肽和其他小分子。在被红火蚁蜇后，皮肤会有灼热的疼痛感，痛感会持续1小时以上，接着皮肤起水泡，然后发痒并开始化脓，一般要两三个星期后才能恢复，通常会留下一些疤痕。如果脓包破掉，则会引起细菌的二次感染。红火蚁叮咬会导致敏感人群的过敏反应，如果有过敏体质，就有可能引发过敏反应，出现更严重的休克，甚至有可能死亡。我的某个同行的实验室里，有个研究生，就是因为被红火蚁咬到，发生了严重过敏反应，结果当场被放倒……华南农业大学的许益镌副教授是红火蚁专家，他长期研究红火蚁，对红火蚁的习性、行为和遗传等都比较熟悉，难免的，他被咬了很多次。我以为他已经免疫了，但事实是，按照他的说法，身体反而有比较强烈的反应，甚至能感觉到自己的心跳会加速。

红火蚁的分布，离人很近，它们入侵住房、学校、草坪等地。你可以想象，如果是一个毫不知情的人，或者是一个孩子，一脚踩进了红火蚁隆起的巢穴，或者把它当成一个土堆，一屁股坐上去，会是什么后果？

▲ 当巢穴受到扰动时，红火蚁会迅速涌到巢穴的表面（刘彦鸣 摄）

▲ 这些密密麻麻的蚂蚁能够对受害人造成很大的伤害（刘彦鸣 摄）

在美国，有超过4000万人生活在红火蚁的活动区，每年有超过1400万人被红火蚁叮咬。在我国，公园的草坪上，频频出现红火蚁蜇人事件。因为红火蚁的蜇咬，农民不想下地做农活；园艺工人也是容易被红火蚁蜇咬的人群之一，他们常常向管理部门诉苦。

许老师所在的研究团队曾根据媒体报道和文献进行过统计：红火蚁在2004年被发现侵入我国后，至今已在全国11个省（市）有伤人事件报道。当然，广东地区最多。其中，涉及的生境类型中，以绿化带最多，占41%，然后依次为农田、公园、家中、水库、垃圾袋和河畔。数据表明，被红火蚁叮咬后，所有的人都会有痒痛反应，大多数人会出现红肿、伤口化脓等症状，少部分人会出现发烧、暂时性失明、呕吐、荨麻疹、休克，甚至是死亡这样严重的过敏反应。如2004年10月20日，台湾桃园一名老妇人在遭红火蚁叮咬后出现呕吐，被送入医院后一天之内死亡。据报道，老妇人是一名肾病患者，她在家自行透析时手部遭红火蚁叮咬，大量细菌污染到透析管再感染到腹腔，最后导致腹膜炎，最后不幸死亡。

所以，当你在户外看到红火蚁的时候，如果可能，尽量不要招惹它们。如果需要消灭它们，请向专业人士求助吧。

漂浮的蚁筏

在电影《蚁人》里，主人公曾经乘坐蚂蚁用身体组成的小筏子，漂流在水上。虽然这部电影里面有很多不靠谱的情节，但这个是合理的。他乘坐的这种蚂蚁，正是红火蚁。这也是在这部电影中多次出现，并且很好辨认的蚂蚁之一，而通过蚁筏来逃避洪水，正是红火蚁的生存手段之一。

蚁巢在地下，暴雨和洪水随时可能把蚁巢灌满，在这种情况下，就得弃巢迁徙。红火蚁们会从巢穴里爬出来，抱成团，漂浮在水面上。在这个蚁团里，工蚁处于外围和下层，而蚁后、卵、幼虫和蛹等则被保护在中间。毫无疑问，红火蚁是怕水的，长时间浸泡在水里，也必然死亡。所以，整个蚁团并不能全部安全转移，至少外围的那些工蚁，要淹死很多。

整个群体在水中漂流，遇到岸边或者洪水退去，群体就可以重新定居。而这种短距离的移动也就成了红火蚁传播的重要途径。

蚁筏的稳定性很好，由于蚂蚁相互抱住，即使用木棍按压、拨弄它，通常也不会轻易解体。甚至你用木棍把它们戳进水里，只要没有完全淹没，它们还能再浮起来，铺展在水面上。红火蚁的这种抱团习性曾经被充分研究，迈克尔·特南鲍姆（Michael Tennenbaum）等人曾以材料学的眼光研究红火蚁群体"固态""液态"和流动性的问题。抱团的红火蚁群体形成某个形状以后，会比较稳定，就算用培养皿压一压，它还会很有弹性地复原，这算是"固态"特性；而群体又是一种"黏稠的液态"，如果把一枚硬币丢进红火蚁的蚁团里，这枚硬币就会缓缓沉入底部，如果从剖面来看，像极了沉入了某种黏稠的液体。不仅如此，他们还发现如果给红火蚁群施加一个高速转动的剪切力，当转速达到一定程度时，群体的"黏性"会突然降低，然后变成了"不黏稠的液态"……是不是很神奇？

但是背后的原理并不复杂——通常情况下，红火蚁的肢体是伸展开的，彼此勾连在一起，于是，成了团状，轻微的外力并不足以使

▲ 红火蚁在水面上形成的蚁筏子（刘彦鸣 摄）

它们改变这种状态，所以是一种"半固体的黏稠液态"。但是，当外力达到某一个强度时，这个强度是设定在红火蚁的基因里的，所有的蚂蚁同时收缩肢体，变成一种类似蛹的姿态，这时候，那种勾连在一起的结构解体，就"不黏稠"了。那出现这种变化的关键，就是所有的蚂蚁同时松爪，解除手拉手的状态。这个过程中，没有个体下令这么做，没有统帅，但是，所有的蚂蚁都这样做了。这就是蚂蚁社会组织的神奇之处，所有的个体遵循相同的法则，一致的个体行为使群体的状态发生了变化，也就是之前提到的自组织现象。

我把这篇论文拿给许老师看，他觉得挺赞，至少把红火蚁团揉揉捏捏是个挺好玩的事情。于是，在我们合作完成《红色小恶魔：红火蚁入侵（3D）》一书时，戴着手套的他，拍摄了一张用手托着红火蚁团的图片。这张图片最终成了那本书的封面图片。然而，如果你不是特别熟悉蚂蚁，并且没有经过专业的训练，请千万不要模仿他，即使你戴着手套……

除了随水漂流，红火蚁在野外扩散的另一个途径，就是生殖蚁婚飞。飞行的生殖蚁可以乘着风一代代地将它们的领地向外推进，至少整个群体可以通过每次婚飞向外扩散一百到几百米。它们的另一个传播方式则是人为传播，当然，通常是一些无意识的原因造成的，如园艺植物污染、草皮污染、土壤废土移动、堆肥、园艺农耕机具设备污染、空货柜污染、车辆等运输工具污染而作长距离传播。所以，在红火蚁疫区进行运输的时候，还是要注意一点的。

▲ 红火蚁的婚飞场景（刘彦鸣 摄）

各种受害者

密密麻麻的红火蚁看起来相当有侵略性，事实上也确实如此。在其入侵地，由于其竞争力强，捕食无脊椎动物及脊椎动物，明显降低了其他生物的种类和数量。

首先冲击最大的，当然是无脊椎动物，或者说，各种小虫子。虽然普通人很少关注它们，但是，影响在实实在在地发生。波特（Porter）等在1990年的统计表明，在红火蚁入侵区，与未入侵区相比，节肢动物物种丰富度降低了40%。应该说，这是一个相当大的比例。

▲ 红火蚁攻击甲虫的幼虫（刘彦鸣 摄）

▲ 红火蚁攻击蟋蟀（刘彦鸣 摄）

▲ 红火蚁肢解蚯蚓（刘彦鸣 摄）

▲ 红火蚁攻击双齿多刺蚁，造成它们大量死亡（刘彦鸣 摄）

对于红火蚁，我们可以用相当多的方法去探索它们都对哪些无脊椎动物造成了影响，最直观的方法就是探察它们的食谱。其中的一种方法就是跟踪记录，在一段时间内，连续统计蚂蚁获取了哪些食物，统计它们的获取频率。我曾用这种方法跟踪过几个掘穴蚁的巢穴。必须承认，这个方法相当耗时，特别是在你不能持续录像监控的时候——在每天固定的几个时刻，你需要出现在那里，观察半小时或者更长时间，盯住一两个巢口，用笔和本子记下它们获取了哪些猎物。你无法盯住太多的巢口，特别是出入蚂蚁很多的时候，否则你会顾此失彼。如果你不打算干扰它们，你还得能准确地辨认出搬入的食物是产自哪种生物——你首先要熟悉周围的物种，这样你才能一眼就做出判断。这样，只要你积累足够的时间，你大概就可以搞清它们的一部分食谱，也能发现其中随着季节的变化规律和它们捕食的活动规律。这需要足够的耐心。

另一种直观的方法就是检查它们的食物残渣，从中获取信息，检查粪便的动物学家们就是用这个思路。检查红火蚁的食物残渣会更容易一些——它们是非常爱干净的生物，会定期将蚁巢内的垃圾搬出来，并堆放在一起，我们称之为"弃尸堆"。这为研究提供了条件。许益镇他们对4种生境下红火蚁的弃尸堆进行了检查，发现了包括8个目的昆虫和种子共41个种类。其中，甲虫的出现频率最高，在4个生境中有3个。当然，这也和甲虫本身类群庞大有关，其余依次为膜翅目昆虫、半翅目昆虫、植物种子、直翅目昆虫、鳞翅目昆虫、白蚁（蜚蠊目）和蜻蜓类（蜻蜓目）。此外，在荒地中还发现了同翅目昆虫，不过出现频率很低。在所有昆虫样本中，以成虫的碎片为主，蛹和幼虫较少。

从我的研究领域来看，最直观的感觉，就是像之前所讲的，其他蚂蚁的生存空间会被挤压。多后制的红火蚁在与其他蚂蚁的对抗中具有"制度优势"——红火蚁的繁殖速度相当快，它们可以是单后群体，也可以是多后的群体，根据世界自然保护联盟（IUCN）的数据，一只蚁后每天可最高产卵800枚，也有报告称能达到1500枚，一个拥有几只蚁后的巢穴每天就可以产生2000~3000枚卵，当食物充足时，蚁后的产卵量即可达到最大，而红火蚁由卵到羽化为成虫只需要22~38天。因此，它们可以在较短时间内建立族群，通常一个典型蚁巢为8万只蚂蚁，一个成熟的蚁巢则可以拥有多达24万只工蚁。

这种群体规模，对多数蚂蚁而言具有压倒性优势，更何况它们还有很强大的毒刺。在荒地和草坪，本土蚂蚁受到了强烈的冲击。33%~46% 的本土蚂蚁物种在红火蚁入侵过程中受到了冲击，这种冲击在蚁巢附近5米范围内极大。根据观察，在与其他蚂蚁的战争开始时，虽然红火蚁兵力的调集相对缓慢，但是它们能够持续增兵。这几乎成为一种优势——将敌人的主力吸引纠缠在战场，然后不知不觉增大兵力，将敌人的兵力尽可能消耗掉，然后，反推过去。

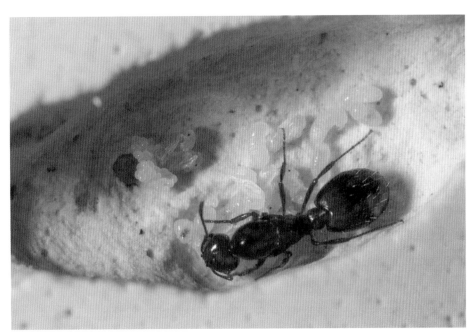

▲ 红火蚁的卵、幼虫、蛹和产生它们的蚁后（刘彦鸣 摄）

当然，这种战术并非无法破解，只要对手的反应速度能够远远超过红火蚁，把它们的侦察兵彻底"吃掉"，即使就在红火蚁的眼皮底下，对手也能生存。而且，真的有蚂蚁实践并获得了成功。在南美洲，也就是红火蚁的老家，尖齿大头蚁（*Pheidole dentata*）就能在夹缝中生存。尽管双方的力量对比是几十万对几千，但尖齿大头蚁的暴躁和敏感却形成了独特的保护机制。

蚂蚁群体依靠探路的工蚁了解周围的世界，红火蚁也不例外。如果探路的小分队发现了大头蚁的巢穴，它们就会立刻返回巢穴调来10倍于敌人的兵力。但，如果不被发现，大头蚁就是安全的。如果将这些侦察兵杀死，让它们没有机会将消息传递回群体，就能实现这个目标。大头蚁选择的就是"吃掉"侦察兵这个策略。

一旦红火蚁的侦察兵踏入了大头蚁的领土，它们的气味往往会被大头蚁察觉。大头蚁会立刻兴奋起来，派出小分队，沿着气味搜寻并追捕到它们，将它们杀死。一两只闯入者几乎瞬间就会被解决掉，即使是几只探路的蚂蚁也很难逃脱。不仅如此，大头蚁的暴躁行为还不会结束，大批亢奋的工蚁会把地面反反复复进行梳理——那些红火蚁兵团的侦察兵几乎没有任何生还的可能。结果，尖齿大头蚁就在红火蚁兵团的眼皮底下安然处之。

有时，红火蚁侦察兵能侥幸逃脱，那洪水般的部队必将随之而来。大头蚁则必须应战，这一战是兵蚁们为了群体生存的殉葬之战。兵蚁们会极度亢奋，为保卫巢穴拼杀到最后一刻，直至全军覆没。它们只为群体争取足够的时间，让大部队及时撤离。在兵蚁奋战的时刻，整个群体化整为零，工蚁们携带着卵和幼虫各自逃命，即使蚁后，也是独自逃跑的。但是，随着红火蚁兵团的撤退，大头蚁还会回到原来的巢穴。如果在一两个月内不受干扰，它们就又能产生出一批兵蚁而继续正常生活，仿佛什么事情也没有发生过。维护群体的生存安全，这些兵蚁功不可没。

这是尖齿大头蚁在漫长的演化中获得的与红火蚁共存的能力。但是，在红火蚁新近入侵的地方，比如我国，多数本土蚂蚁并没有演化出应对的机制，其结果，只有失去领地。

　　红火蚁的受害者远不止于此。在中国，目前已知有22种鸟类、1种两栖动物和18种蜥蜴受到其入侵并扩散的影响。厉害的武器造就了火爆的脾气，它们进攻一切它们认为不该存在的事物，驱逐、杀死或摧毁之。这些小昆虫极容易被电磁波惹恼，它们会成群地攻击电子线路，经常造成电线短路甚至引发小型火灾。动物、植物也在劫难逃。在红火蚁入侵的重灾区，如不加药物控制，任其繁殖横行，地表的植物幼芽以及果实都会被这些害蚁吃光，有些幼小动物，甚至鸟蛋也会遭灭顶之灾。成年兽类不逃走的早晚也会被红火蚁咬死吃掉。地下虫类，如蚯蚓、地老虎，穴居小动物田鼠、黄鼠狼、蛇类等会种群灭绝，植物地下的根果，多年生草根如苦苦芽和蒲公英的根果都是入侵红火蚁的食物。它们也搬移和取食植物的种子，改变种子植物的比例和生长分布，使自然生态严重失衡。

▲ 红火蚁收储种子（刘彦鸣 摄）

▲ 红火蚁取食幼果（刘彦鸣 摄）

　　而它们，并没有停下扩张的脚步。薛大勇等分析，如果入侵红火蚁最后扩散完成的话，它们在中国的分布将主要集中在华南、华东、华中和西南省份以及华北的局部地区。威盛（Vinson）曾认为入侵红火蚁的越冬北界不低于年最低温度 −17.18 ℃的界限，据此推断，其北界扩散区域可达到河北南部和天津，甚至涉及北京边缘，其向西扩散可达西藏东南部的雅鲁藏布江下游（墨脱以南）地区。

　　虽然形势已经相当紧迫，但个人不可贸然采取行动，这很危险。个人捣毁、破坏蚁巢都可能带来猛烈攻击，特别是要避免婴幼儿出现这类不当行为。一旦发现红火蚁巢穴，应通知防疫部门或专业机构，及时进行灭杀处理。

　　如果不幸被叮咬，可以采取以下的基本处理步骤：

　　1. 先将被叮咬的部位予以冰敷处理，并以肥皂与清水清洗被叮咬的患部。

2. 一般可以使用含类固醇的外敷药膏或是口服抗组织胺药剂来缓解瘙痒与肿胀的症状，但必须于医生诊断指示下使用上述药剂。

3. 被叮咬后应尽量避免伤口的二次感染，并且避免将脓包弄破。

4. 若是患有过敏病史或被叮咬后有较剧烈的反应，如全身性瘙痒、荨麻疹、脸部燥红肿胀、呼吸困难、胸痛、心跳加快等症状，或出现其他特殊生理反应时，必须尽快就医。

在我国，虽然有一些蚂蚁能给人造成剧烈的痛感，但它们并不生活在我们经常生活的地方。而红火蚁则不然，请大家务必提高警惕。一旦发现红火蚁的存在，绝不可尝试饲养，给其造成传播的机会，而故意传播、运输红火蚁则是违反法规，更是违背道德的行为。

各种"疯蚁"

虽然很不愿意说，但这是事实，广东生活着各种入侵的蚂蚁。2015年，我和许老师不仅在榕树下看到了巨首蚁，也在同一片海岸的沙滩的边缘上，看到了疯蚁，它和沙滩上奔跑如飞的沙蟹同样让人印象深刻。

疯蚁只是个俗名，大概只指这些家伙相当不可控。它的学名是长角立毛蚁。这些体长两三毫米的蚂蚁比红火蚁要稍小一点，但是，它们看起来更加活跃，行动敏捷而迅速。它们的群体可以爆炸式增长。当然，长角立毛蚁也是多蚁后制的蚂蚁。它们比红火蚁更早来中国，具体时间已经很难考证，现在，它们已经覆盖了各大热带、亚热带地域。起源地嘛，很可能是非洲热带地区。现在，它们在城市里生活得尤其好。

长角立毛蚁的广泛分布，来自它们强大的适应能力。它们能够适应不同的海拔高度，虽然平均海拔记录为175米，但在1765米的高度也曾有过生存记录，这个高度，已经超越北京凹头蚁了。它们可以在各种地方筑巢，空树洞、砖石下、土壤中，都可以，而且不论干湿，都可以接受。所以，我能在海滩上遇见它们。当然，它们多半不会在沙子里筑巢，而是依托了沙滩边缘附近的砖石。

　　长角立毛蚁能够成功入侵的另一个原因，源自强大的组织能力，在蚂蚁中，也算是优秀。我看到过它们形成的长长的觅食队列，能够将较大的食物运回巢穴。最近的一次触动来自2017年6月，在华南农业大学的花坛边。在那里，我看到一群长角立毛蚁将比它们大了不知多少倍的蜜蜂尸体，从花坛底部，垂直着攀爬运输而上，翻进花坛，送进巢穴。这种感觉，好比一大群人扛着一架大型客机，攀爬迪拜的哈利法塔……不，如果换算成人的尺寸，还要更高一些，相当于两到三个哈利法塔那么高，而这个搬运过程，只在十来分钟之内完成。

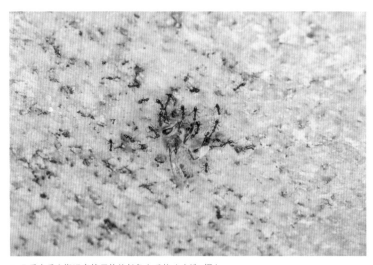

▲ 几乎在垂直搬运蜜蜂尸体的长角立毛蚁（冉浩 摄）

同样在广东，还生活着另一种疯蚁，黄疯蚁。也就是之前我说的，要寻找的细足捷蚁。必须要指出的是，不论是长角立毛蚁还是细足捷蚁，这些入侵到我国的蚂蚁远远不止局限于广东，我之所以频繁提到广东，并非打算指责广东……事实上，这里的入侵蚂蚁研究开展得还不错，防控工作也一直在推进。我只是因为在写作本书的时候需要一个典型的地方举例，而恰好，我对广东又比较熟悉。

细足捷蚁在吴坚和王长禄于1995年出版的《中国蚂蚁》里被翻译成了"长角捷蚁"，也就是"长触角的捷蚁"。但它当时的拉丁名*Anoplolepis longipes*里，*longipes*是"长足"的意思，我们当时在修订蚂蚁名称的时候认为这很可能是个印刷错误——把"长脚"印成了"长角"。后来，细足捷蚁拉丁名被修订为*Anoplolepis gracilipes*，我们在修订译名的时候，根据*gracilipes*的意思将其重新修订为细足捷蚁。然而，当我真正见到细足捷蚁的时候，发现，它们的触角确实挺长的……当然，这并不意味着我们要改回"长角捷蚁"，尽管它并没有印刷错误。毕竟，根据学名来确定中文名译名，乃是分类学界惯例，也是对学名定名人的一种尊重。

这是一种敏捷的黄褐色的中小型蚂蚁，工蚁有四五毫米。这种精力充沛的蚂蚁是非常高效的捕食者，日夜不停，活动温度范围从25℃一直到44℃以上，大概只有雨天才可以使它们停止食物搜集。一些国外农业场主将其用来控制田地的害虫，比如在肉桂、柑橘和咖啡种植园投放细足捷蚁，据说都获得了成功，但这可能是个错误。尽管有人认为可以通过细足捷蚁捕捉农田害虫来提高作物产量，但它们会在作物下筑巢破坏植物根系，而且它们喷射的蚁酸会对农民的皮肤和眼睛造成伤害。当然，我们用自己的眼光判断生物，这本来就是不客观的。在人眼中，由于需求的变化，昆虫"有益"或者"有害"的角色总在变换。就以在林地里捕食松毛虫的林蚁（*Formica* spp.）为例，在那里它们是"益虫"，但换到蚕桑之地，却因捕食蚕虫而变成了"害虫"。

之前，在《蚂蚁之美》一书中，我曾介绍过细足捷蚁的建巢能力，说它们很差，它们几乎不建造地下巢室网络系统，而是倾向于利用现成的宜居场所，如石头和木头下、垃圾堆、排水沟、管道等等，甚至是陆生螃蟹的巢穴都可能成为它们的安家之所。这些来自之前的观察和文献记录，也是靠谱的。但是现在情况有了变化，或者说我们的认识进了一步，根据我们的观察，至少在我国的一部分地方，这些蚂蚁也是筑巢的，尽管它们也利用砖石的保护，但毫无疑问，存在地下的巢室，也许只是没有其他蚂蚁那么精通罢了。

细足捷蚁曾经制造了一个经典案例——它们把一些螃蟹折磨得死去活来，当然，这些螃蟹也不是典型的海洋种。圣诞岛，在位置上靠近爪哇岛和新加坡，那里是一个华人占多数的岛屿，原来属于新加坡，后来被卖给了澳大利亚。圣诞岛因独特的陆生螃蟹而著名，尤其是著名的红蟹。每到繁殖季节，这些生活在陆地上的螃蟹就成群结队奔向海滩，成为非常壮观的一景。红蟹是圣诞岛精妙的生态系统的关键环节，它们是清道夫，清除森林的落叶。此外，参加陆迁的还有盗蟹等其他陆蟹，这种体型巨大的盗蟹曾遍布西南太平洋和印度洋地区，但现在，其他地方的这种蟹都绝迹，可以说曾经的天堂随着细足捷蚁的到来，成了杀戮场。

根据皮特·格林（Pete Green）等人的说法，细足捷蚁大约在1934年前后就被引入了圣诞岛。细足捷蚁食谱广泛，最初它们被看成是到处捡垃圾的"拾荒者"，但随后人们的观点发生了变化，它们实际是"游走的猎手"，捕食等足类、多足类、软体动物、蜘蛛、昆虫、螃蟹等等。一直到20世纪90年代中期，细足捷蚁都没有表现出太大的生态危害，因为最开始，这些巢穴都是单后的巢穴，彼此之间相互牵制，不会造成什么严重后果。

随着时间的推移，情况发生了变化。1989年，第一窝多后的超级蚁群在城区被发现，这可能是因为近亲繁殖造成的蚁后之间的"排斥力"下降，这样的超级群体化在著名的入侵物种阿根廷蚁中也曾出现。多后巢穴使蚁群出现了质的飞跃，大量的蚁后在群体中充当产卵机器，群体成员的数量急剧膨胀。不过细足捷蚁巢穴内部并非铁板一块，在它们的食物传递中被发现了频繁的"拉扯"的现象，也就是工蚁朝不同方向拉扯食物，直至最后食物易主。甚至当食物运抵巢口，还有38%的情况会发生"拉扯"。有不同的假说来解释这种行为。一种假说认为与食物的运输效率和能量支出的平衡有关。不同体型的工蚁适合搬运的食物不同，小体型的工蚁搬运大食物，尽管会有较大的收益，但是运输速率慢，结果暴露在运输途中的时间过长，还有可能被拦截；而体型较大的工蚁如果运输较小的食物，虽然速度很快，但是收益太小。所以，才会出现工蚁之间通过"拉扯"来传递食物的现象。这被称为"分工合作假说"。但是也有数据并不支持这一说法，如蚂蚁搬回巢穴的路径是直线路径距离的两倍以上，似乎蚂蚁并不太注重效率，而且有时候参与的蚂蚁越多，反而路径越长……另一种假说则认为，由于细足捷蚁形成了多后巢群，这种蚁后联盟可能并不稳定，工蚁其实是从同伴中"抢夺"食物，然后将其与近亲个体之间分享。

但是，多后确实使群体力量大大加强，1995年前后，大批的多后巢穴出现了，圣诞岛繁茂的雨林成了它们发展的根据地。很快，它们在雨林地面分布区的密度达到了每平方米2000只，每平方米达到10.5窝，创造了迄今为止同类掠食性蚂蚁中的最高纪录。这些多后巢群的分布范围以每天0.5米的速度向前推进，到1998年，它们就占据了雨林面积的2%~3%。接下来的4年，它们在雨林中的领地扩大了10倍，占据了28%的面积。它们有能力进攻这个岛上的各种螃蟹了，据估计，从1995年到2002年间，共有1000万到2000万只红蟹被蚂蚁杀戮，占该岛红蟹总量的20%~25%。缺少了红蟹的森林表现出了衰退的趋势。蚂蚁们在终日饱食蟹肉之余，还"饲养"一种介壳虫，以间接获得糖分，现在这种介壳虫数量猛增，正慢慢剥光森林的树叶。其结果是，雨林的参天大树正在减少，信天翁等非候鸟开始缺乏筑巢场所，而杂草和灌木则开始蔓生。当地的政府虽然采取了大量的措施来控制蚂蚁，但是收效甚微。

大卫·斯利博（David Slip）指出，包括部分雨林在内，整个圣诞岛大约有1/4的面积已经被蚂蚁所占领，在蚂蚁集中的地区，红蟹已经绝迹。圣诞岛红蟹的悲惨遭遇只是细足捷蚁入侵的一个经典缩影，这种起源自非洲的蚂蚁在热带和亚热带地区具有极强的适应能力，目前它们分布范围在从非洲东边开始，横跨印度洋和太平洋，包括了东南亚和澳大利亚，一直到达美国西海岸地区。它们可以在农田、森林、草地、绿地、新近建筑区和城市街区等各种地方生存下来。它们巢穴驻地形式非常多样，可以在树叶下、土壤中筑巢，也能在竹节里，甚至在树洞里栖息。

在我国，细足捷蚁已经扩散到了广东、广西、云南、福建、海南、台湾及香港、澳门地区，估计还有相当一部分省份和港口已经被波及。而在我造访它们的时候，多蚁后制度也已经在这里形成，但没人知道它们是从什么时候开始形成的。最终，我们采回了两箱细足捷蚁，每箱一窝。在华南农业大学的实验室，我们在其中的一箱里，至少找到了5只具有繁育能力的蚁后。不过，细足捷蚁在这里受到了狙击，因为，红火蚁也来了。

▲ 猎杀了白蚁的细足捷蚁（刘彦鸣 摄）

▲ 细足捷蚁的工蚁攻击婚飞的举腹蚁有翅生殖蚁（刘彦鸣 摄）

▲ 叼着蝉翅膀的细足捷蚁，这应该是捡到的尸体残骸（冉浩　摄）

▲ 相比挖土，细足捷蚁更喜欢在石缝中筑巢，我们打开的这个位置正好可以看到有翅的生殖蚁（冉浩　摄）

▲ 正在修葺巢口的细足捷蚁（冉浩　摄）

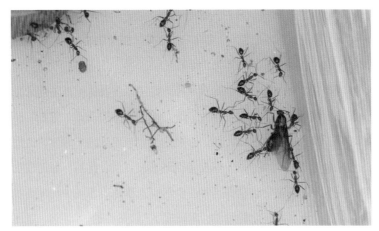

▲ 实验室中，细足捷蚁的工蚁正试图将有翅雌蚁转移到安全的地方去（冉浩 摄）

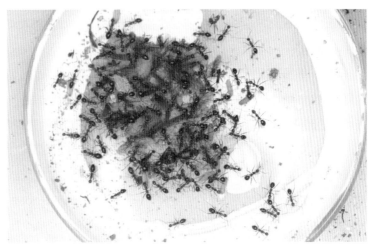

▲ 实验室中，围绕着蚁后的细足捷蚁（冉浩 摄）

到处都是外来的

实际上，物种入侵的问题并不局限于蚂蚁。这一问题已经相当严重，在我们生活的各个环境中，你几乎都能见到入侵物种的身影。IUCN 公布的100种最有破坏力的入侵物种已经有一半入侵了中国，红火蚁、长角立毛蚁和细足捷蚁，都在这100种之内。

事实上，除了青藏高原少数人迹罕至的偏远保护区外，我国各地都不同程度地存在入侵物种的影响或威胁，入侵物种至少已经达到数百种，范围不断扩大，种类也在不断增加。据不完全统计，每年由于入侵物种危害造成的经济损失至少达500亿人民币。

所谓的入侵生物，当然就是从原产地进入了别的地方生活的家伙。这里的"地方"，不是指国家，而是指一个非原产地的区域，一国境内，两个不同的地域，也可以发生生物入侵现象。通常，这些入侵现象是通过人类旅行、贸易等活动而发生的。而且，要形成生物入侵，外来的生物必然在当地的自然或人造生态系统中形成自我繁殖能力，用学术一点的话说，叫形成了"自然种群"。还有，就是这种生物必须已经给当地的生态系统或地理结构造成了明显的损害或影响，比如红火蚁。同时满足这三个条件，就算是一次生物入侵事件。

另外，需要指出的是，入侵生物不一定是野生生物。经过人类驯化的动物、植物、微生物扩散到环境中也有可能发展成入侵生物。最典型的例子就是家兔。澳大利亚原本没有兔子。140年前，好事者引进了少量兔子，在没有天敌的国度里，它们竟然繁衍了6亿只后代！在演化程度比较低，只有有袋类哺乳动物的澳洲，经历了欧亚大陆激烈竞争的兔子，对澳洲本土的动物具有压倒性的竞争优势。这些兔子常常把数万平方公里的植物啃吃精光，导致其他动物面临全面饥饿。为了对付兔子，澳大利亚人民引进了狐狸，但是，很快狐狸也成了入侵物种。绝望中的澳洲人民建造了属于自己的世界奇观——篱笆墙——绵延数千公里的隔离防护篱笆。但是，这项工程最终并没有奏效，除了监视和维护困难以外，最初的设计者忽略了一个非常严重的问题——家兔会打洞。不过，今天，这些透着历史沧桑的篱笆至少可以作为一项旅游资源……后来，澳大利亚使用了大规模杀伤性武器——病毒，才终于暂时抑制了兔子的迅猛势头。

另外一个例子是棕树蛇，它被 IUCN 列为100种最具破坏力的入侵生物之一。棕树蛇原分布于从印度尼西亚东部到所罗门群岛的岛屿和澳大利亚的北部。这种树蛇和兔子一样，没有锋利的牙齿和爪子，没有致命的毒素……看起来，几乎完全是无害的，唯一的特点是爬树水平比较高，但是，就是这唯一的特点使它成为恐怖的制造者。

没有人引进棕树蛇，它们和人类的行李一同旅行。第二次世界大战以后，棕树蛇首先和曾经驻扎在新几内亚的归国美军一起在关岛登陆。在随后的30多年里，棕树蛇迅速占领了关岛。最初，人们并不注意这种不起眼的生物，但是当人们发现当地鸟类锐减时，为时已晚。

看看棕树蛇的战果——3/4的森林鸟类种类灭绝，半数的蜥蜴，相当数量的蝙蝠……现在棕树蛇仍然保持着当地物种第一杀手的显赫地位。当地居民也饱受其苦，关岛的停电十有八九是由它们在电线上爬行引起的线路短路造成的。棕树蛇虽然没有毒牙，不能给成年人造成伤害，但是，婴儿和儿童可就是受害者了，它们可以轻松地爬上婴儿床，同样的问题也出现在宠物和家禽上。

类似的例子还有很多，外籍大米草在中国"保护"海岸，华裔大闸蟹移民美国……但是效率更高的入侵者是病原微生物。1845年，爱尔兰从南美引进的马铃薯带有晚疫病，导致境内马铃薯全部枯死，饿死150万人。殖民初期，随着欧洲殖民地的建立，麻疹和天花从欧洲大陆席卷了西半球，当地居民对这种疾病抵抗力很弱，这也促使了阿兹特克和印加帝国的衰落。

入侵生物的进入都和人类的活动有关，它们通过人类身体、行李旅行，通过贸易货物传播，跟随交通工具周游等等。可笑又可气的是，有些入侵生物的引入则完全是为了控制已有的入侵生物，就像澳大利亚人引入狐狸一样。

"是人，打破了时空限制，缩短了时空距离，使原来物种千百年才能完成的入侵历程，得以在一夜间完成。"

远洋轮船排出的压舱水，已经被证明是传播外来浅水海洋生物的途径之一。压舱水是注入船体的用于调节吃水深度的海水，一般就近取水，排放也没有限制。这些被排出的海水中可能含有危险的外来生物。

解铃还须系铃人，人类是造就外来入侵物种的关键，同样也是解决问题的关键。

那么，具体应采取何种战术呢？

冷静的头脑是必需的，对付入侵生物是一场持久战，不能期望速胜。

有效防止入侵生物小股奔袭是战争的关键之一。

这一点，就公众而言，要充分认识到本土生物的价值，在饲养、栽培、驯化物种时一定要选择那些既有价值又不会给本地生态造成灾难的物种。过去一些爱好把玩花草的文人墨客或闲散人等闲则生非，著名的水葫芦就是1901年作为观赏植物引入中国的，同样情形的还有仙人掌、薇甘菊等等。现在由于生活水平提高，很多人开始贩卖、饲养一些"古怪"的宠物，这些宠物中的一部分，其对生态可能的影响实在值得认真考察。

食人鲳平素以其强大的撕咬能力和凶悍的集群作风著称，号称"水中狼族"。2002年底，食人鲳在广州、南宁、沈阳、成都等宠物市场热卖，各地管理部门和生态专家如临大敌，国家渔政渔港监督局发出紧急通知，全国展开围剿食人鲳的行动。虽然社会各界对此做法争议颇多，很多媒体和记者带头对食人鲳表示了"人道主义"同情，不过，对一个具有形成巨大潜在威胁的不可控物种，政府的做法绝非没有道理。

就机构而言，引入新物种前，应进行风险评估，把未来的变化考虑进去，同时确认利用目前掌握的知识可以限制外来物种所带来的负面影响。政府应当承担对公众宣传入侵生物危害的责任。海关也是重要的环节，高效地检出外来物种可以有效缓解目前的压力。在政策或法律上，如果规定那些从国际间物种引入的行为中获利的人，以及无意中引入外来入侵物种的人，都应承担或部分承担控制入侵生物的成本费用，应该会收到较明显的效果。

所谓大规模歼灭战，指各地政府和组织应该适时对当地的入侵物种集中区域进行灭杀活动，破坏其种群，从而降低其蔓延速度。全民战争，指积极发动群众，每一个公民都应该参与进来，对入侵生物实行见一个消灭一个的政策，从根本上消灭入侵生物。但在消灭入侵生物的过程中，我们必须注意一个问题，就是形成自然种群的生物可能已经和当地的生态产生了一定的联系，比如一些植物可能已经成为某些本地生物的庇护所，这种情况下，在消灭入侵生物的同时要注意兼顾保护本地的生态，找到最佳解决办法。

比如在狐狸入侵澳大利亚之前，古老的澳洲油桉和土生的动物共同组成了一个小的生态系，树丛里生活着诸如沙袋鼠这样的动物。这些小动物采食下木，从而阻止了火灾。近年来由于这些小动物被狐狸捕食得几乎绝迹，澳洲油桉也被过于频繁的森林大火逼到死亡的边缘。幸运的是，另外一种同样被澳洲人民痛恨的外来物种接替了以上小动物开始发挥作用，它们就是兔子。

同时，入侵生物既然已经存在，也是一种资源，如果能够通过开发的方式来抑制入侵生物，也是不错的解决途径。获得国际支持也是应该考虑的，比如援引人类制定的各种公约、协议和指南等等。相信在不久的将来，我们通过自己的努力和国际合作，目前被动的局面会有所改善。

▲ 澳大利亚建起的隔离篱笆，这是世界上最长的围栏（图虫创意）

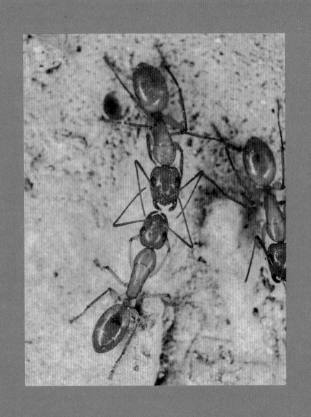

第 八 章

蚂 蚁 与 蚂 蚁 窝

从土坑开始

大概将近30年前，在北房的房檐下，有一个七八岁的小家伙蹲在地上玩蚂蚁，他把东房台阶下的一些草地铺道蚁用笤帚扫到小铲子里，然后，搬运到了这里。于是，北房台阶下的蚂蚁有了入侵的敌人，它们排着整齐的队伍，冲杀了出来，一个战场迅速形成了。遗憾的是，这个小男孩又用扫帚把这群正在战斗的蚂蚁扫到铲子里，挪回到了东房的台阶下。这次，轮到这里的蚂蚁惩罚入侵者了。于是，在一个小男孩的不断努力下，两窝蚂蚁以它们无法理解的方式，开始了跨空间的交战……

这个小男孩，就是我。我在一段时间里，相当热衷于发动战争，把蚂蚁们搬来搬去，弄得整个小院里的蚂蚁王国狼烟四起。主要的受害者，就是草地铺道蚁。这是一种黑褐色的小蚂蚁，只有三四毫米的样子，运动速度不快，也很普通，但是它们打仗很有看头，密密麻麻的蚂蚁会在地面铺上一层。

草地铺道蚁的巢穴不小，兵力充足，一些大的巢穴可以产生很壮观的婚飞。然而，在我的小院里，这些草地铺道蚁巢穴都被折腾得衰弱不堪，甚至刚刚羽化，身上还没有脱去稚嫩的黄白色的工蚁也不时会出现在战场上。这也是我过去说，铺道蚁是我的启蒙老师的原因，它们曾经为把我领入门，付出了惨痛的代价……事实上，它们在相当长的时间里，大概至少要有六七年吧，都是我的主要玩伴之一，尽管我肯定，那些当事的蚂蚁并不这样认为。

我试着第一次圈养蚂蚁，也是发生在这个小院里。在这个小院里，我被特批可以在角落圈一小块地栽栽草、掏掏洞。于是，我在那里种上了高高的野草"丛林"，挖了浅浅的"河道"，用捡来的红砖堆了"楼房"（你只要小心摆砖，砖垛里是可以有规律地抽掉一些砖，空出来的空间就可以当作某个小玩具的家），里面摆上和糖豆一起"附送"的小玩具——为了增加玩具的数量，我还用泥巴和玩具的本体做模具，用水泥浇筑出灰白的复制品玩具……总之，这是一个精心布置、乱草丛生、摆满了低技术复制品玩具的愉快游乐场。我愉快地决定，在这个专属之地，养点蚂蚁。

我决定，挖个坑。

我用小铲子挖开地面，然后用小手捏出一些土团子，码放在里面，然后从东房下面请蚂蚁过来，放进去。这个距离够远，已经远离了那窝蚂蚁的活动范围。不用担心它们跑回去。当然，都是一些工蚁。

于是，我就兴冲冲地看它们钻到土团子底下躲起来。后来，看到它们开始挖掘洞穴。我相当兴奋，认为自己的饲养成功了！

可是好景不长，没几天，整个小坑里就蚁去坑空。这些蚂蚁也许是迁徙到了别处，也许是在我没注意的某个时间被周围的蚂蚁消灭掉了。总之，坑养蚂蚁的法子失败了。

于是，罐头瓶来了。

我用罐头瓶装土来养蚂蚁。我连蚂蚁带巢土都把它们装进了玻璃瓶里。这是一件歪打正着的事情——铺道蚁的力气很大，它们即使被土压住，也能拱开土层钻出来。然后，在它们的身后就形成了一个小小的洞穴。于是，当小蚂蚁都爬出土面的时候，罐头瓶里也就有了一个洞穴系统。这是我"研发"出来的快速筑巢法。然而，这仅限于铺道蚁。当我后来用这个法子来装针毛收获蚁的时候，这些蚂蚁都被压在土里动弹不得，最后被压死了。

用我这种养法，大概小半天，整个罐头瓶里就可以看到成规模的洞穴和巢室了。然而，几天之后，蚂蚁又不见了。玻璃瓶虽然光滑，但达不到阻止蚂蚁攀爬的水平，它们逃走了。

为了应对这种情况，罐头瓶被放进水里，让它处于四面环水的状态。这就是我早期无师自通地搞的水牢防逃法。然而，这个方法的问题就是，会有不少蚂蚁落水。一旦落水，很多蚂蚁不能再爬上来，结果就这样淹死了。然而，当时，作为一个小孩，我也确实没有什么好的办法，只能勉强先用着。

今天，以土为建巢基质来饲养蚂蚁，仍然是我的一个选择，只

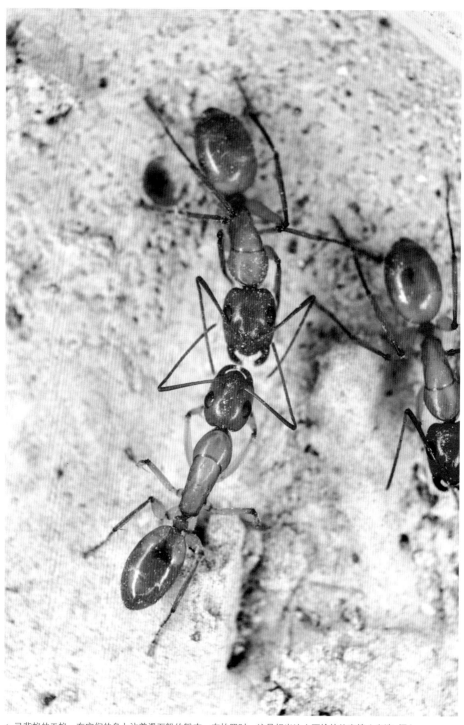

▲ 弓背蚁的工蚁，在它们的身上沾着滑石粉的粉末，在拍照时，这是相当让人不愉快的事情（冉浩 摄）

不过装置改进了。至少要用滑石粉或者特氟龙涂抹饲养装置的内壁，起到防逃作用。事实上，防逃剂的使用在很多时候相当重要。滑石粉的使用最为方便，它既可用酒精调和涂抹在饲养装置的内壁，也可以直接用手指蘸了粉剂，然后涂抹上去，效果都不错。我自己以为，特氟龙的防逃效果不及滑石粉，不过特氟龙溶液的优势是几乎完全透明，不阻碍观察，而刷上滑石粉以后的酒精液则是白色的一片，而且滑石粉很容易粘到蚂蚁身上，拍照的时候尤其不美观。

土，作为蚂蚁生活的先天场所，有它独特的优势——你可以很容易地看到它们在土壤里开掘的巢室，土壤的保湿和透气性能都不错，蚂蚁在里面生活得会比较舒服。当然，土巢也有一个劣势，那就是打理比较困难，有时候垃圾得不到清理，会发霉。此外，你选择的土壤里面可能有螨虫等寄生虫，对蚂蚁的健康不利。这就需要你去采集地下相对较深的土壤，也可以选择在冬季采集土壤，或者让其在阳光下曝晒一段时间。

此外，不合适的土壤可能会造成蚂蚁的死亡。土壤是一个微型生态系统，有诸如酸碱度、盐碱度等理化性质，也含有微生物。如果你使用的土壤环境和蚂蚁原来生活的环境不一致，发生了冲突，不管是理化性质方面，还是共生的微生物方面，都有可能造成蚂蚁的死亡。这和用土养植物是一样的道理。所以，养什么地方的蚂蚁用什么土，还是很关键的。

一堆试管

一些蚂蚁很好养，比如铺道蚁，只要保证温度和湿度，一个礼拜喂一次都没关系，而且不挑食，你可以随便从餐桌上捡个指甲盖大的剩骨头或者什么丢在活动区，它们就能屁颠屁颠跑出来啃很久。说句不客气的，这些蚂蚁比猫狗好养多了，如果它们都养不好，估计养什么动物也不会养好了……

任何瓶瓶罐罐都可以用来装蚂蚁，只要你涂上防逃剂，并且保证湿度和温度——不冷、不干即可。当然，看起来高大上的试管也可以。其实试管相当便宜，一根几毛钱或者一两元，虽然它号称是科学仪器，但你可以很容易地在淘宝买到它们。可以有玻璃试管和塑料试管两种选择，甚至可以连试管塞子一起买回来。

我个人比较偏好塑料试管，对毛手毛脚的我来说，它们比较不容易碎，即使摔了，最多也就是产生裂纹，我拎着它们去野外，比较安全。而且，相对玻璃试管，塑料试管保温性能好一些。但是，塑料试管的缺点是不耐磨，一根新试管带出去采蚂蚁，早上出门，晚上回家倒出蚂蚁来，这支试管已经看起来旧得不能再旧了，但它其实只用了一天而已。相比较而言，玻璃试管的优势就是耐磨，而且通透性更好。

现在，用试管做巢，已经成了一门手艺，尽管不难，但是需要注意一些细节。这些细节往往会决定成败。

通常的试管巢是堵水试管。说来简单，就是先在试管中倒入一些水，然后堵进一小团棉花，这样，水不会流出来，也能保证试管里的湿度。试管巢的关键是要防止水的变质和发霉，因此，最初制作的时候要尽可能干净——水最好用纯净水，棉花最好用脱脂棉。脱脂棉去除了很多有机质，主要的成分是纤维素，后者很不容易分解。你可以在药店买到医用脱脂棉，很好用。即使如此，试管巢的棉花还是会脏，会发霉。因为蚂蚁会活动，甚至它们会在这里排便。所以，一根试管并不能维持很长时间，通常一两个月就需要更换。清洁试管时，你需要一根长镊子，可以探到试管底部，然后把里面的棉花取出来。

试管巢对于初生的蚁后而言，是很好的繁殖装置。刚刚完成婚飞的它孤家寡人，没有工蚁。你可以把单独的一只蚁后装进去，然后在试管口堵上一团棉花，静静地观察它如何在未来的一两个月内抚养出第一批工蚁。在这个过程中，通常不用喂食，保证湿度即可。

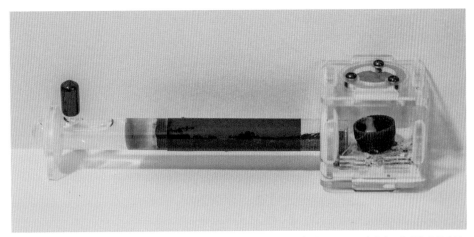

▲ 使用混凝土铺底的简单试管巢。采用 PVA 吸水棉塞子堵水，然后在另一侧涂混凝土。亚克力盒子为蚂蚁的活动区，蓝色试管帽充当了食槽的角色（冉浩　摄）

▲ 在昆明动物研究所饲养的试管巢中的法老蚁（高琼华　摄）

▲ 在昆明动物研究所的实验室里饲养的蚂蚁几乎全部是用试管巢来饲养的，红色塑料片可以使蚂蚁获得安全感，盒内壁涂抹的是特氟龙防逃涂层。外面的纱网平时是遮住的，是防逃的第二道防线，装置下面还有装油的托盘作为第三道防线（赵洁 摄）

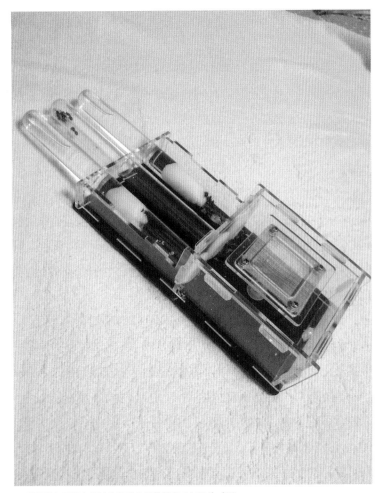

▲ 试管巢与亚克力相结合制成的蚂蚁巢穴（何晨浩 摄）

对于小巢穴，也可以使用试管巢来饲养。试管的粗细要保证蚁后在里面能够方便地转身，也不能太大，太大的试管会使蚂蚁没有安全感。等蚂蚁的群体大了以后，可以换用别的巢穴，或者增加试管的数量，形成试管组。我现在使用的主要就是试管巢，然后用调配的混凝土堵水、铺底，也可以用牙科石膏替代混凝土，纯水泥因为碱性过大，不好用，如果使用，需要脱碱。

此外，还有朋友用亚克力经过加工以后来制作架构，将活动区和试管连接起来。经过认真设计以后，这些充分发挥 DIY 思想的设想，都相当不错。

石膏、砖头与软陶泥等

在童年时期，我是水牢饲养的践行者，因为那时候我也没什么好的防逃手法。在我的记忆中，防逃剂这些东西是经过了从爽身粉到滑石粉的一系列变化，可能在大概2005年前后技术才开始成熟。在此之前，我多数是用水牢来困住蚂蚁。我用一个大盆，里面装上水，然后，在盆里放砖，让砖露出水面，这样，砖上就可以放置饲养蚂蚁的巢穴了。不过，水牢会生蚊子，在水中扭摆的幼虫也被称为孑孓，一旦它们占据了水体，你要么选择换水，要么就遭遇蚊虫羽化出来被围攻的悲惨事。所以，那些水你不能放着不管。我会向里面加入螺蛳或者小虾，它们可以帮助清除水中的虫卵，基本上有了这些东西，孑孓就不会再出现了。

实际，这个设计已经相当接近后来的鱼水设计了，在它的基础上可以做成饲养的生态缸。后来，有不少朋友沿着这条路一直探索下去，改用鱼缸做水牢，取得了不错的成绩。甚至有了很让人惊奇的观察结果，如我在《蚂蚁之美》中，曾提到过林杨在黄猄蚁的饲养缸中发现了黄猄蚁捕鱼的现象。

而这个思路的另一个方向，就是在砖上下功夫。我们都知道，蚂蚁喜欢砖，会在砖下或者砖内的缝隙里做巢。所以，砖可以作为良好的饲养容器，经过烧制的砖内部几乎不含有机质，所以，砖上很少发霉。而且砖具有很好的吸水性，可以把它放到水中，只要控制好水深，就可以获得比较理想的湿度。反正在水牢设计中，它最后也要放进水里……

用砖做巢的第一步，当然是去捡一块砖头回来……此外，还要有一小块玻璃板。然后，我需要去平整砖的表面，可以把它的一个什么地方磨平，比如在水泥路面蹭蹭，或者用两块砖互相摩擦。至少要把其中的一个面打磨到足够平坦、广滑，以便我可以把那一小块玻璃严丝合缝地放上去。玻璃板的大小要适宜，大概半个砖头那么大就够了。然后，你就可以在砖上玻璃板能够覆盖的区域开掘巢室和通道，你可以用电钻，也可以用刻刀。在开工之前，你最好先设计一下，尽可能按照要饲养的蚂蚁的天然巢穴的样子来做。你可以带着相机，去翻石头，找到你需要的蚂蚁种类，然后拍下石头下面巢穴的样子，测量巢室的大小和宽度，然后，就可以回去修修改改设计一下了。一旦巢室刻好以后，你就可以覆盖上玻璃板，只留一两个出口，这就是一个基本的砖巢。不过由于隔着透明的玻璃，在砖巢里的蚂蚁有可能比较没有安全感，包括在试管巢里的蚂蚁也是一样，这时候可以用红色的透明塑料或玻璃进行遮挡——蚂蚁对红光不敏感，这会让它们认为自己生活的地方是黑暗的，而你仍然可以观察到它们。

除了烧制的砖石，另一种可以用作饲养蚂蚁的巢室的材料是石膏。石膏同样几乎不含有机质，而且可以用水调和了进行浇筑获得你需要的形状，也比较接近土壤环境。由于石膏里含有的微生物少，酸碱度温和，在你不知道用什么土做饲养基质的情况下，它可能是最好的选择。当然，石膏巢就再也不能放到水里了。

与砖石一样，经过浇筑以后的石膏是比较坚硬的，至少，蚂蚁咬不动，或者说挖掘起来相当艰难。我曾经捕获过一只艾箭蚁的蚁后，它应该是刚刚完成婚飞，迫切地想要找个地方产卵。然而，它不喜欢我为它准备的巢穴样式，而是独自开始在坚硬的石膏上挖掘。它真的有进展，但是，进展相当缓慢，只向下挖了一个浅浅的坑，其结果，则是消耗了过度的精力，最终没能繁殖成功。

使用石膏浇筑建巢的时候，几乎任何模具都是可以使用的，我通常会选择餐盒或者塑料杯来做模具。如果使用塑料杯做模具，首先我会用凡士林去涂抹塑料杯的内壁，以便进行脱模，如果没有凡士林，用塑料袋或者塑料膜也是可以的。我也用过塑料袋，但也许我没有尽可能让塑料膜接触模具的边缘，也没有平整塑料袋的边缘，以至于出来的石膏块通常都会有点残缺或者褶皱。

然后，就是将石膏粉用水调成糊状，然后倒进模具里，石膏就会慢慢凝固。当石膏成块，还不太干的时候，就可以从模具里抠出来了。接下来，用螺丝刀或者刻刀可以在表面雕刻出设计的巢室。然后，把石膏再晾干一点，装回到一个和模具一模一样的容器里，这时候，容器内壁正好和石膏巢贴在一起，雕刻的巢室也贴着容器内壁。这样，里面蚂蚁的活动也就一目了然了。这种浇筑石膏巢的主要弱点，是蒸发快，加水比较困难，而且一旦加水过多，石膏立即会变得非常松软，除非使用牙科石膏。

关于这事，我的朋友聂鑫曾经想出了一些解决方法。他将石膏巢暴露在空气中的那一面用无纺布做了保湿处理，而且巢穴在杯子里悬空，留出了一些底部空间，可以用注射器在底部加水。这都是不错的设计。此外，还可以在容器上打孔，然后用弯头接上去，贴着石膏，再用加棉花堵水的试管接上去，使用插拔试管的方式进行换水。原理和用注射器补水也是一样的。

此外，还有一些其他材料，比如软陶泥。这种材料兼有石膏和砖的特点，只是成本略高，定型的时候需要用水煮一煮。也有人使用气泡混凝土等轻质材料，有兴趣的话，你也可以试试。

▲ 一种毛蚁在石块下面的巢穴，如果你要饲养它们的话，可以考虑制作一些类似的人工巢室（冉浩 摄）

▲ 聂鑫设计的石膏巢，表层粘连了无纺布，底部是悬空的，可以用注射器来注入水分（聂鑫 摄）

▲ 聂鑫用石膏巢饲养了很多蚂蚁，这些巢之间可以用管道连接成更大的巢群（聂鑫 摄）

▲ 竹节试管巢。在试管中使用石膏进行铺底以后，蚂蚁生活的舒适度会提高（赵亚晖 摄）

亚克力与生态缸

养活蚂蚁不是目的，只是基本手段，最终还是要观察和研究。就算你不打算搭建视频监控平台，也至少得在需要观察的时候看得比较清楚不是？

如果你想观察蚂蚁的挖掘行为，石膏巢或者试管巢都不适合你，你最好用土巢，而且观察瓶的外壁需要用红塑料纸罩上。你将可以看到，即使只有一只蚁后、几只工蚁的工匠收获蚁，也会挖出宽大的巢穴系统。另一种可以观察挖巢的巢穴是凝胶巢，以烟台的蚂蚁工坊为代表。这是一种观察性玩具，透明凝胶代替了土壤，可以被蚂蚁挖掘。蚂蚁工坊的凝胶里添加了营养成分，因此，蚂蚁不用喂。但是，凝胶有黏性，所以不适合小蚂蚁的饲养，小蚂蚁的腿和触角会被粘在一起，甚至动弹不得。饲养时间长了，凝胶会受到蚂蚁的粪便以及尸体的污染，需要进行清理。这时候可以把凝胶倒出来，切去被污染的部分，把剩下的用微波炉加热成液态，再倒回到工坊里面，凝胶在冷却之后会凝固成固态。因此，蚂蚁工坊是可以反复使用的。但蚂蚁工坊只是一种观赏巢，可用作短期观察，并不适合长期饲养。

另一种观察巢则是亚克力巢，也就是有机玻璃巢。这种巢穴需要按照工程手段对它进行设计，然后将有机玻璃板加工成需要的零件，最后利用设计好的卡口和螺丝进行安装。这需要一点设计经验和制作经验，所以不太好弄，但市面上有不少这样的宠物巢穴在网上贩卖，如果口袋里资金充裕，倒是能省去不少麻烦。

总体来看，亚克力巢的观察效果还是很出众的，整个巢穴是全方位的高透无死角，所以，蚂蚁想躲也躲不到哪去。它可以作为桌案上的摆件，随时观察，也可以作为长期的饲养巢使用。但是，对蚂蚁来说，它的舒适性略差，也许和试管巢差不多，但与石膏巢相比，就会差一些了。如果我向里面加上一些土，蚂蚁则很快就会用土粒在各种通道上铺满薄薄一层，这足以说明相比塑料，蚂蚁觉得土壤的环境更加舒适。

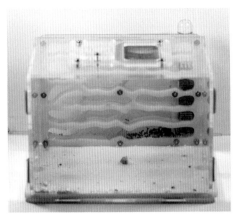

▲ 这是2017年初采集的那些针毛收获蚁里的一组，有14只蚁后，这个小小的群体已经有了不少工蚁。这是一个带保湿的亚克力巢（冉浩 摄）

▲ 在昆明动物所用亚克力巢饲养的举腹蚁，巢穴的发展情况不错（赵洁 摄）

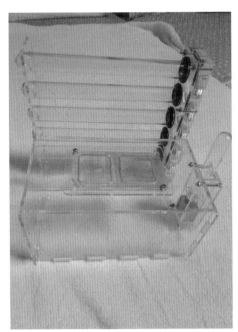

▲ 亚克力和试管相结合组成的蚁巢设计（何晨浩 摄）

▲ 简单的造景巢穴，饲养基质为气泡混凝土（赵亚晖 摄）

虽然亚克力巢也可以设计得相当上规模，但是，总体上来看，还是以小盒子居多。如果要做一个大的观察巢，那得用缸——以大的方鱼缸作为设计的起点，做一个大的饲养缸。最完美的成果是可以封闭起来的生态缸。但生态缸的设计比较难，得有一些生物学基础，我觉得完全没有必要。其实，能做出不用封缸的造景就已经挺好了。

相比小巢穴来说，别看缸大，其实饲养蚂蚁更容易。因为在缸里沙土等基质的量比较大，所以小环境的稳定性更强。而且其中微生物非常丰富，蚂蚁的活动对系统的影响更容易被环境微生物消除，因此，用缸饲养蚂蚁的持续性会更强一些。你也有空间可以放个石头啊、木头啊，也可以种上一点植物，铺上一点苔藓等等，等缸里的环境稳定了，再放蚂蚁进去。和土巢一样，你要考虑蚂蚁是不是合适在这个缸里生存。一般来讲，什么样的缸，应该养相应气候的自然环境下生活的蚂蚁；或者说，你要养什么样的蚂蚁，就去做什么环境的缸。

▲ 饲养黄猄蚁的鱼水巢（林杨 摄）

▲ 在昆明动物所搭建的恒温恒湿人工气候室，在这种条件下，蚂蚁的繁殖速度会比较快（赵洁 摄）

在过去没有成熟防逃剂的时候，我们设计的缸通常是鱼水结构，就是在缸里做一个岛，让蚂蚁生活在"岛屿"上，四面环水，水里养鱼。这样的缸比较适合那些在湿度比较大的环境中生活的蚂蚁。"岛屿"上的附加材料如果用木头，则可以养一些举腹蚁；而如果是竹筒，黄猄蚁是首选。

现在，因为防逃技术的革新，我们有了更宽泛的选择，可以随心所欲地布景。你可以制作半边是砂石基质半边是水的两栖缸。比如做一个斜坡，在相对干燥的"陆地"养蚂蚁，另一边用水做一个"小湖"，里面养水生或者两栖动物。你也可以完全使用沙土来制作陆缸，后者是现在我比较赞赏的方式。由于造景缸蚂蚁相对好养，所以，你可以充分发挥自己的想象来制作它。当然，你要准备一窝蚂蚁数量比较多的群体，如果它们个体不大，又有行军特性，那是再好不过了，比如一窝全异盲切叶蚁。

舞台已经搭建完毕，一切，取决于你。

后 记

　　亲爱的读者，到此为止，这本书的内容已经完结。如果您因为这本书对蚂蚁产生了浓厚的兴趣，并且希望更多地了解它们，那是一件相当好的事情。目前，已经出版的有关蚂蚁的图书不多，但您仍然可以通过图书馆或者书店找到一些。

　　一些大众出版物有：2003年海南出版社出版的《蚂蚁的故事》，2009年三联书店出版的《蚂蚁》，2011年人民大学出版社出版的《超个体》，至于2007年由重庆出版社出版的《昆虫的社会》勉强也可以算作大众读物。以上这些都是译著。还有一本在水平上还说得过去的原创蚂蚁书，2014年由清华大学出版社出版的《蚂蚁之美》，也就是我那本书，个别经典的小故事和本书略有重复。

　　一些关于蚂蚁的主要学术著作有：吴坚和王长禄在1995年出版的《中国蚂蚁》，唐觉等在同年出版的《中国经济昆虫志·蚁科（一）》，周善义在2001年出版的《广西蚂蚁》，徐正会在2002年出版的《西双版纳自然保护区蚁科昆虫生物多样性研究》，王维在2009年出版的《湖北省蚁科昆虫分类研究》等。

　　此外，您可以通过检索电子文献来获取资料，中国国家图书馆网站以及一些开放获取的数据库都可以获得一些免费文献。用好互联网，会让您获得更多信息。我也很期待您访问一下蚁网，它是我们的自有网站，并带有中国蚂蚁数据库，这个数据库是我当年为了统计中国蚂蚁物种资源建立的数据源。统计成果已经在2009至2013年间以《中国蚂蚁名录》系列论文的形式发表，并获得了国家自然科学基金项目的支持。不过，统计活动并未因此中止，目前数据库仍在更新，并将作为一个公益项目长期运营下去。蚁网的网址是 http://www.ants-china.com，您也可以直接搜索关键词"蚁网"，电脑和手机都可以访问。

　　如果有问题，也欢迎联系我，只要我能力所及，尽量会提供帮助。您可以发送邮件到 ranh@vip.163.com，也可以用微博搜索"瀚海蓝月"或者扫描我的二维码，然后私信或者 @ 我。最后，祝您生活和阅读愉快！

微博二维码

冉 浩

2019年3月